THE ENNEAGRAM OF SOCIETY
Healing the Soul to Heal the World

九型人格
疗愈篇

[智]克劳迪奥·纳兰霍博士 Claudio Naranjo, M. D. ◎著
彭嘉◎译　陈芸蕾◎校译

华夏出版社
HUAXIA PUBLISHING HOUSE

Translated from the book titled EL ENEAGRAMA DE LA SOCIEDAD males del mundo, males del alma by Claudio Naranjo (EN version: Enneagram of Society: Healing the Soul to Heal the World).
Copyright © Ediciones La Llave / Fundación Claudio Naranjo.
Simplified Chinese copyright © Huaxia Publishing House Co., Ltd.
All rights reserved.

版权所有　翻版必究
禁止将本书内容用于人工智能训练，违者必究。
北京市版权局著作权合同登记号：图字 01–2025–3460 号

图书在版编目（CIP）数据

九型人格. 疗愈篇 /（智）克劳迪奥·纳兰霍著；彭嘉译. -- 北京：华夏出版社有限公司, 2025. -- ISBN 978-7-5222-0974-6

Ⅰ. B848-49

中国国家版本馆 CIP 数据核字第 2025WD8793 号

九型人格·疗愈篇

著　　者	［智］克劳迪奥·纳兰霍
译　　者	彭　嘉
策划编辑	朱　悦　卢莎莎
责任编辑	卢莎莎
责任印制	刘　洋

出版发行	华夏出版社有限公司
经　　销	新华书店
印　　刷	三河市少明印务有限公司
装　　订	三河市少明印务有限公司
版　　次	2025 年 9 月北京第 1 版　2025 年 9 月北京第 1 次印刷
开　　本	880×1230　1/32 开
印　　张	5.875
字　　数	117 千字
定　　价	59.80 元

华夏出版社有限公司　地址：北京市东直门外香河园北里 4 号　邮编：100028
网址：www.hxph.com.cn　电话：（010）64663331（转）
若发现本版图书有印装质量问题，请与我社营销中心联系调换。

送给苏西,

她怀揣着爱意把我的口述记录在纸上。

译 者 致 谢

提到九型人格，就必须追溯到尊敬的 G. I. 葛吉夫先生（Georges Ivanovich Gurdjieff），正是这位 20 世纪初的神秘导师将九型图带到了世人的面前。若非葛吉夫先生，那么一切与九型相关的知识便会湮没无闻，毫无踪迹地隐匿于历史的尘埃之中。在他的三本著作之一《别西卜讲给孙子的故事》（Beelzebub's Tales to His Grandson）中，隐约暗示了一些九型图的秘密。

作为一门独立的学问，九型人格的真正成形并广为人知则要归功于奥斯卡·伊察索（Oscar Ichazo）及其弟子克劳迪奥·纳兰霍（Claudio Naranjo）。奥斯卡·伊察索在 20 世纪 50 年代将九种基本激情以及相关的人格原型放入了九型图。随后，纳兰霍博士根据多年的精神病学、医学和心理学的实践经验，并结合自己在冥想沉思中的持续领悟，逐渐完善了九型人格的理论框架，在他建立起来的系统阐述中，揭示了不同类型之间的动态关系，包括副型、连线迁移等众多理论。

此书作为纳兰霍博士所著九型人格系列丛书中极其重要的一本，更是站在了人格与社会的关系角度，振聋发聩地提醒我们，每一个社会最小单元如何在当前的时代中进行一种特别的、与意识进化相关的反思。

本书中文版得以出版，仰仗于诸多给予实际支持的人士，谨此致以真挚的感谢，也期待未来能继续携手，传播九型人格领域更多的优质内容。

特别感谢钻石九型（钻石成长学堂）和爱知力人生（IME）的慷慨支持与深切信任。钻石九型的高源老师和张清苗老师，爱知力的王依凡女士和耿涛先生，你们对传播九型人格的长期投入与热忱为本书的出版提供了坚实的后盾。

感谢北京生命泉卜昱元女士的引荐。感谢华夏出版社的编辑为本书能够与读者见面付出的诸多心血，感谢出版过程中默默付出的每一位伙伴。

感谢广大的九型人格专业人士和九型人格爱好者的无私奉献和默默支持，有了您的助力，这些承载着九型智慧的文字才得以传播。

感谢靛蓝纪教育的负责人王树女士和白胜先生，感谢张明先生、张杰先生、赵菲飞女士，你们为这本书打开了更开阔的门窗，让更多人看见了它。

感谢我们最亲爱的忠实读者热情预购，您的慷慨支持不仅是对本书的肯定，更是对九型人格研究的深远期许。

译者致谢

以下呢称排名不分先后：杨昕东、郭雪飞、蔡小云、宝宝姐、笃定、李文、朱成利、吴凯、王铭珠、张延琳、杨震环、刘康瑾、柴宁、吴秋莉、张苗苗、赵刚、黄思思、赵国有、杜晓成、应辉、王芳、张瑛、黄雪玲、魏佳、冯媛媛、Sharifa Zhang、钱小姐、于洪岩、黄声铨、李汶霏、李静、陈映虹、陈友璇、张川菠、阿杜、张钧、韩丽、李博文、陈杨洋、Shirin、祝淑芳、李懿珊、姜雪莺、邵群艳、张女士、于姝敏、张峰源、曾艳、周静、吴蓉波、金星、高亚静、张贝贝、周成英、龚纡、李晨薏、张日嘉、赵雅莉、枫岚、钟杰萍、拓小木、常美云、戴英、杨路嘉、徐浩铭、孙越、陈志嵘、裴宇晶、李华、虞家建、吴燮铭、蒙冬梅、安默、房贞秀、冯媛媛、Lisa、姜乔乔、吴小姐、王家春、宋晴怡、林君球、刘毅平、周洁、安利群、王鸣芳、吴胜彪、郝少杰、杨柠溱、马燕、晴、Monica、叶风凯、毛小琪、周赛霞、可爱的小猪猪、刘桂梅、刘俊峰、李吉、蒋倩、罗晓航、刘悦雯、黄曼筠、刘蕾、钟晓琴、陈思颖、陈抒云、陈夕云、李兵、沈泓、卢逃涛、章淑艳、李鑫、唐欢、潘云、顾颖丹、张恒瑀、王阁、刘凤桥、李兴华、史楠楠、杜娟、张孝华、蔡佩、源泉、余晓雯、于晨君、梁丹、潘娟、Khadijah 吴、覃丕莉、郭老师、Alan、周敏、小希、鲍娟红、刘媛玲、杨士俊、赖广发、王华燕、阿茹娜、王晓霞、梁琨、吴暖仪、齐兰芳、张然、王永洁、邓莉、徐之伦、Allen、胡晓、潘娟、耿非、张仁威、宋光铭、严佳钰、张艳、曹

003

雪芹、姚南叶、许小倩、肖蕾、张天扬、果果、丁健、高云飞、箫荟、聂慧、赵凤、陈华兵、周清霞、吴烨、陈伟星、穆玲、章睿君、黄丽清、徐金龙、姜景仁、朱允昭、王紫、Echo、梵凡、史洁、黄璐、袁方、王琳、褚薇、华井研、宁慧、谷荣、王茉莉、陆珺、Herman Lau、童玲、杨涛、谛观、傅萍、李健、潇湘慕御、刘芸淇、陈禹诺、汤云云、梁周健、鲍正旺、李微、涌泉、夏瑛、李子超、刘南冰、龚海川、杜海蓉、邓瑜灿、齐先生、杨帆、金峰哲、吴依阳、李洁、吴阁明、胡烨佳、张力方、黄伯鹤、果二愚、江冰、严波、谢阿阿、张女士、耿先生、高勇、季能翠、天涯、Fanta、袁忠建、梁利平、吴鹜羽、Kelly杨、岳明贤、姚任贻、程芳、欣妤、李静、赖炜、陈思颖、赵娜、王莉、李成、苏萍、冯君、刘广荣、王淑婷、胡美芳、李华英、Shielin。

前人栽树，后人乘凉。诚愿此书能够帮助我们在九型人格研究的道路上持续探索。

"第二种努力，是从生命存在的意义上对自我完善保持一种恒常不衰的本能渴望。"

——葛吉夫《别西卜讲给孙子的故事》

中文版推荐序

如果你是一名九型人格爱好者，那么你一定听说过本书作者纳兰霍的鼎鼎大名；如果你是一名九型人格导师，那你一定会深深地感激纳兰霍为九型人格所做的贡献。作为一名九型人格爱好者，我最早知道纳兰霍是因为他是将九型人格与现代心理学结合的第一人；作为一名长期教授九型人格学问的导师，我最感激的是他对于九型人格心理学的研究、讲授和训练体系的创建，正是因为他的引领及之后几代九型人格导师的共同努力，如今九型人格这门学问已影响到了世界的每个角落。

这本《九型人格·疗愈篇》是纳兰霍从九型人格视角来帮助这个时代的人们去思考和疗愈的重要著作。这本书是1995年在西班牙出版的，作者在那个时代就发出了"我们目前正处于一场地球危机中"的宣言。巧合的是，整整30年过去了，今天来到了2025年，在遥远的东方大国，"精神内耗""疗愈""爱自己"等成为热门词汇；每年的5月25日因为"我爱我"的谐音而成为广泛被认可的"心理健康节"，似乎这场关于人内在的"危机"也愈演愈烈，并未看到更好的解决方案。更令人迷茫的是，如今人类社会已开启了人工智能时代，未来人们的"存在性焦虑"必将更加强烈。"如果机器人能代替人类劳动，那么人类的存在价值是什么？""人类如果没有找到意义感，将何去何从？"《人类简史》的作者尤瓦尔·赫拉利说，人工智能时代，人类最重要的技能将是"精神技能"，这大概是30年前纳兰霍写这本《九型人格·疗愈篇》时早就预言到的局面吧。

那么，九型人格如何帮助人们获得疗愈呢？

第一，理解自己会进入怎样的陷阱，以及怎样识别和避免这个陷阱。今天关注心理健康的人越来越多，"抑郁症""强迫症""NPD（自恋型人格障碍）"等已颇为流行，但追问一下，这些症状是怎么来的，为什么不同的人会患上不同的精神疾病呢？本书揭示了九种不同人格模式的人，其生命的"激情"是怎样的，这种"激情"如果没有了觉察和松动会陷入怎样的陷阱，如果长期陷入陷阱不能自拔，那就是不同的精神疾病了。九种型号的"激情"分别是一号愤怒、二号骄傲（傲慢）、三号虚荣、四号嫉妒、五号贪婪、六号怯懦（恐惧）、七号饕餮、八号纵欲、九号怠惰。理解不同型号的"情绪习性"或"匮乏模式"，增加对自己激情的理解、放松心态，是一个人疗愈自己的重要方式。

第二，看见自己追求怎样的爱，以及放下那些永远无法满足的爱。每个人追求的爱是不同的，我们在生活中常常无意识地追求自己觉得最好的，当我们得到时，我们会更加膨胀、一路狂奔，发现这条路没有尽头；而当我们得不到时，就会感到无比失望和痛苦。真正的疗愈之道是，看见自己正在无意识追求的是什么，将这种"无意识"变成"有意识"，这样就有机会做出不一样的选择："这真的是我需要的吗，还是小我的把戏？"通过对自我的看见，九型人格可以精准而深刻地帮助我们导航，进而让疗愈发生。譬如，书中所说的一号性格追求的爱是与"优越"联系在一起的，一号性格的人就可以去觉察："为什么我会批评他人？为什么我不能容许错误？放下优越，就能回归本源。"

第三，在社会层面，对自己所生存的大环境和社会文化有更深的理解。纳兰霍提出了"世界弊病"这个词，并用九型人格做了一一对应和深刻的解释。如果我们能理解社会，也许我们就能看见自己身处其中的"集体潜意识"，这也是某种深刻的疗愈。不过需要提醒的是，作者所提出的九种"世界弊病"对应的是30年前作者眼里的世界，在你我的眼中，今天的"世界弊病"是什么呢——是不顾一切的内卷（对应三号），人工智能科技的疯狂（对应五号），还是特朗普再次上台以后对全球的贸易战（对应八号）？今天读这本书的乐趣之一，也许是参考作者30年前的思路，去理解今天的"世界弊病"。

无论你作为九型人格爱好者，还是九型人格导师，都值得认真读一下这本书。

钻石九型（钻石成长学堂）创始人　高源

1995年西班牙语版序言

今日主题出版社（Temas de Hoy）让我为他们这本由著名精神科医生克劳迪奥·纳兰霍撰写的书写序言，这让我有些不知所措。克劳迪奥·纳兰霍是一位在智利和加利福尼亚之间来回穿梭的杰出精神科医生和教授。作为一个对基督教秘传教义和九型完全一无所知的人，我怎么能写出一些具有说服力的东西来介绍这本以此教义为核心的书呢？在不明就里的情况下，我接受了这个任务。但是，由于我的无知，也出于道德上的义务感，如果我没有在这些书稿中发现一个我关注已久并致力于解决的论点和一个让我感到内心舒适的目标，我不会犹豫撤回承诺。

该书的论点是：在本世纪，人类一直生活在并将继续生活在深刻的历史危机之中。纳兰霍博士在本书前言中的第一句话就是："我们正处于全球性危机的事实是不言而喻的。"在我最近出版的一本名为《危机时代的希望》（Hope in a Time of Crisis）的书中，我试图勾勒出这场旷日持久的危机的大致轮廓，并展示了九位杰出的欧洲思想家在此期间是如何保存他们的历史希望的。

他们每个人都根据自己的观察和理解方式，提出了重塑世界秩序的个人生活和集体生活准则。虽然他们并不打算建立一个天堂——一个本质上乌托邦式的目标——但他们确实设想了一种比从一场热战到另一场热战,然后又是一场冷战,最后在对数百万人死亡、种族灭绝、集中营和对手被击溃的鲜活记忆中活着而更令人满意的生活。在这样一个世界里,我们发现当前最需要的是从过往的历史中平静下来,并对未来抱有合理的信念,就像我们在如此漫长而残暴的经历之前那样。那我们该怎么办?彻底绝望?投降?如果还有一片自己的天地,就锁起门来闭门造车?令我沉思的这九位思想家离世前都清楚地意识到,他们各自的建议都是崇高而合理的,坦率而言其中许多建议都很有吸引力,但是都失败了。诚然,有些人接受了他们的建议,可是世界并没有接受;这并不妨碍那些满怀希望的人直到生命的最后一刻都仍然在为他们对人类的信仰而奋斗。他们并不把人类的存在看作毫无用处的激情——虽然有人建议将存在定义为对真相的背叛。在提出这类理念的人中,有许多我们熟知的名字,纳兰霍也是其中之一。

这些人的目标是:让每个有专业技能的人都根据自己的可能性,为建立一个比当今现状更能够被接受的世界这一普遍性的任务而做出贡献。本书的作者是如何做到这一点的呢?克劳迪奥·纳兰霍是一位精神病学家和"基督教密义"的热情奉献者。有一天他发现:"我可以说,"他说道,"伴随着这个发现,我真正地出生了,我进入我生活的一个新阶段,接收来自超越我对自己认识的启发和指导。"从那开始，他渴望去帮助他人，并为纠正他所称的"世界弊病"做出贡献。他的出发点是描述个体心理畸变的九种类型，这有助于纠正他所称的"世界弊病"。

他从描述这个九型类型学出发，然后继续勾勒出可以在我们人类物种中观察到的九种个体特征，并且呈现了可以在人类之爱的实质中区分出来的九种模式。最后，基于这三个系列的人类学分析，他向我们展示了九种"世界的疾病"，这些是腐蚀当今集体生活的最重要的社会疾病。简而言之，他展示了个体生活的道德紊乱，让我们看到它们是如何在社会生活上表现出来的，并且邀请每个个体通过了解和改善自己从而试着让世界变得更好。换一种说法：不仅仅是在认知层面，而是还要有实际且振奋人心的意图，以一种现代方式，渴望去实现古希腊－拉丁世界所说的认识你自己。

我最近读到，当维特根斯坦年轻的时候，他怀着不仅仅是用言语，而是要靠奋斗为人类进步做出贡献的愿望，离开了城市，搬到了一个小矿村，并在那里建立了一所为成年人开设的预备学校。"我想要的是改善世界"，他的一个学生说。这位哲学家回答道："所以从改善自己开始吧。"克劳迪奥·纳兰霍博士在他书籍的最后一页也说了同样的话："如果我们认识到一个健康的社会很难在没有健康个人的基础上存在，那么也就必然会认识到个人转变的政治价值。"即便这样，他补充说，在许多情况下，官方机构对这一点的支持是如此之少。以更加精湛的理智、精细的敏感性以及更加宽广的视野来传播知识，这是作者在本书中所追求的目标。他非常清晰地告诉我们："……想一想，如果把占领我们在内心找到的王国作为第一要务，那加诸我们的将会是什么？"我真诚地与他一同祈愿。

佩德罗·莱恩·恩特拉尔戈（Pedro Laín Entralgo）教授
西班牙皇家学院院士

前　言

很明显，我们目前正处于一场地球危机中。如果否认这一点，你要么就是对此视而不见，要么就是一个弥赛亚式的幻想家，对你而言未来势必已经存在。

但是我们最好不要这样想。忽视对我们至关重要的东西并无益于我们。正如俗话所说："上帝会帮助那些帮助自己的人。"

那么我们该怎么办呢？这本书提出以下的建议：

努力实现我们的精神进步。

通过努力建立健康的人际关系，培养那种既照耀他人又照耀自己的爱，那种存在于不分你我的氛围中的爱。

要意识到小我，意识到世世代代流传下来的"原罪"的病态和染污——那些责难的面孔，虚构的对手——以便能够保护自己免受它的诱惑。

认识人格的精神病理学在我们所创造的社会中的回响，以便我们能够克服习俗中极具危害的惰性。

这本书的面世是应西班牙今日主题出版社的邀请，让我从最近才为人所知的基督教神秘主义的"宇宙地图"——九型图——

的角度来写一些东西。

除了在第四章的副标题中所指出的，世界弊病的核心在于灵魂的弊病，此外我还将涉及四个相关联的主题：原罪，性格神经症，爱的畸变以及社会病理学。

全书共分四部分：

（1）按照个体心理的病征、原罪、基本激情的地图，以及原罪和病理学之间的关系，依次来呈现九型图。

（2）更详细地描述由每种激情衍生出的人格障碍或性格神经症。

（3）讨论每种人类性格所涉及的爱的紊乱。

（4）对"治愈社会"可能性的沉思——从个体性格的精神病理学观点的角度进行社会批判。

多年来，我好似鲸鱼的节奏，一直穿梭于各大洲洋之间。当我在伯克利时，我会在自己周围画一个圈，让自己——如果不能隐形的话——尽可能不被注意，以便能够从内心深处带出一系列书籍。这些书籍在我的脑海中自行书写，我不愿意通过故意的疏忽而否认它们的诞生。幸运的是，我发现我计划待在家里的四个月（然后再次前往南美进行教学－疗愈之旅）已足以完成这本书的写作。

前言

　　这是一个迅速而令人欣慰的过程。《九型人格·疗愈篇》诞生于十一月的某一天，正如我已经提到的那样，当时伊梅尔达·纳瓦霍（Ymelda Navajo）邀请我写一些有关九型图和人格的东西。我提议写一本非常简短的书，以我刚刚在（位于巴斯克地区的）德乌斯托（Deusto）大学发表的"由爱的弊病照见世界的弊病"演讲为基础，稍加扩充。除此之外，她建议我也谈谈性格类型。鉴于此，似乎从一篇关于灵魂病征的介绍性论文开启这本书是合适的——无论它们被称为原罪还是病理。就这么开始吧！

　　本书从构思到落于纸面特别容易，撰写工作与另一些更小的项目同期进行，但结果却成了一本严肃的书。我希望，尽管会失去一些喜欢轻松和娱乐性作品的读者，但是作为补偿，它纯粹的精确性——没有任何润滑——可能会对"炼狱中的居民"有用，他们已隐秘地认识到了"有意识地受苦"，与神分离，踏上一条净化之路，而这种受苦在这条路上是不可或缺的。

目　　录

第一章　激情、病理学和神经质动机

第二章　九种基本性格的圆环

　　九型图中的对称性与极性　/ 034

　　第二型：骄傲　/ 037

　　第七型：饕餮　/ 044

　　第四型：嫉妒　/ 050

　　第五型：贪婪　/ 053

　　第八型：纵欲　/ 058

　　第一型：愤怒　/ 066

　　第九型：怠惰　/ 069

　　第三型：虚荣　/ 072

　　第六型：怯懦　/ 077

　　面对真相　/ 081

第三章　爱的紊乱

　　未命名的谜团　/ 083

　　第二型：热情—爱　/ 091

　　第七型：享乐—爱　/ 095

第五型：缺乏情感 /101

第四型：病虐—爱 /104

第八型：霸道—爱 /109

第一型：优越—爱 /112

第九型：自满—爱 /115

第三型：自恋—爱 /118

第六型：顺从—爱/家长式作风—爱 /123

第四章　九型视角下的世界弊病

一幅关于社会的九型图 /129

威权主义 /131

重商主义 /136

维持现状的惰性 /138

压抑 /141

暴力与剥削 /145

依赖 /148

不合群与失范 /150

腐败与轻忽的态度 /152

虚假的爱 /154

结语 /156

术语 /161

第一章
激情、病理学和神经质动机

实际上,每一种文化都有其关于天堂的传说:从美好生活"堕落",遗失了原初的或本来的幸福和谐状态。

不论我们历史之初关于天堂的观念真实与否,把天堂看作时间之外的一种本原,一种神话里的"那时候"是具有一定意义的,相比之下,我们的神经症状态则构成了一种堕落。

西方宗教告诉我们堕落是罪的后果,并相应地述说了通过净化我们的罪来实现救赎。然而,原罪不仅仅只是通过一种情感瘟疫(或业力延续)而从原始时期一代一代传递给我们的。原罪的概念中有两个重叠的概念:可传递的罪和罪的本原。罪的本原即在本原(arché①)或基础性的特殊意义上的"源头"——是超越了在被驱逐出乐园的各种意识表现之外的,是堕落的本质。

圣奥古斯丁(Saint Augustine)在谈到这类原罪的起源时说,原罪包括无知和困难两个方面。今天,我们将其解释为:意识的

---

① Arché:希腊语,意为开始、起源。

紊乱和对行动的干预。在奥古斯丁的这种二分法中有一个不明确的因素，虽然它通常被理解为罪的一个本质面向，即神学家（如尊者比德）所说的"淫欲"——相当于佛教徒眼中罪的核心所在：过度的欲望（崔虚那[①]，执着）。

在现代世俗世界中如今很少使用"罪"这个词了，那些仍然在他们的词汇中保留这个词的人被怀疑是传统主义者或是充满负罪感的人。另一方面，我们更多谈及的是病理学。我们将医学的语言应用于意识问题，这样做，我们无意中挽回了"罪"这个词的原始意义，这个意义在将错误作为功能障碍的概念与作为邪恶的概念混为一谈之后，就几乎被遗忘了。

精神病学的观点邀请我们不必过分看重恶行或破坏性行为，而是视其为功能障碍、混乱或者冲动的偏差，而正是在偏差一词中，我们找到了罪过（hamarteia[②]）的原意——一个从箭术术语中借用的词，在福音书中用来指代罪，其原意是没有射中目标。

在这里，早先的神学与当今的心理病理学相遇，因为自弗洛伊德以来，我们也将心理方面的缺陷理解为能量上的偏差——在自发性和行动之间有着自我干涉的阻碍，导致了心理能量向次要目标溢出。

[①] 崔虚那（trishna）：梵文词，译为"爱欲""贪欲"或"对某物的渴望"。
[②] Hamarteia：希腊语，字面意思为"缺陷，失败，罪过"，源自 hamartanein "未达到目的，犯错，犯罪"，最初意为"未命中目标"。

然而，罪和病理之间的区别，在于责任的落点："罪"是控诉，个体本身需要为此负责；而"病理"是辩诉，负责任的是超越个体本身的来自过去或现在的原因。既然我们是心智和人际病理的受害者，那么我们就要对自己的罪负责。

显然，每一种观点都有其用处，因此它们是相辅相成的，因为我们既是受因果世界支配的物质生命，又是因自由的火花而变得比动物更有责任感的生命。

那么，探讨心理生活的某些基本异常状况——并将其称为罪或病症，是否合适呢？

基督教传统做出了肯定的回答，并为我们提供了关于首要的罪的教导——这是罪的不同表达形式。这些罪正是我们在与他人的关系、与生活的关系以及与自己的关系中可能犯下的一切错误的祸首根源。

那么这样的罪又都是些什么呢？

心理学主要将病征描述为属于行为领域（"性格特征"）的一系列症状或特点，然而骄傲或嫉妒等这类原罪则指向了动机领域。

我们可以说，这些是破坏性的欲望，是被夸大了的欲望——"激情"——即使有时它们没有以吸引力的形式呈现，而是以排斥力呈现，还有些可能被描述为对没有激情的激情。爱会给予，而激情则构成了一种无法满足的形式：一种神经质的需求，只能短暂地得到满足，因为在深层次上它所要求的是不存在的东西。仔细斟酌，激情是以一种因对存在的渴求而呈现出来的东西，但就根本而言，又是建立在与生命存在本身失去联系之上的——即，灵性上的迷惑。

很明显，在福音书中找不到关于七宗罪的教义（以及三位一体的教义）。学者们认为，它们都通过希腊文化的背景而演化为基督教的核心，因为早期基督教是在希腊文化背景下发展的，巴比伦密意的灵性教义也是从希腊文化背景中留存下来的。然而，尽管我们在福音书中尚未发现对七宗罪系统性的内容，但我们确实可以找到它们（贪婪对应于"醉酒的"，纵欲对应"淫乱的"），甚至在福音书被写出来之前，贺拉斯（Horace）书信集里的一封中写道，每一种罪都对应于一种特定的解药。

第一封信《致梅塞纳斯》（约公元前 20 年）

贪婪和可怜的欲望燃烧着心灵：

有咒语和经文可以缓解这种痛苦，

可能，也许能够摆脱大部分疾病。

赞美的爱让你膨胀：有一些确定的赎罪，

它们会让你通过阅读纯洁的书而焕然一新。

嫉妒、愤怒、懒惰、迷醉、纵欲，

没有什么动物是如此野蛮，不能被驯服，

如果它能耐心地倾听文明。

第一章
激情、病理学和神经质动机

【大意：人类的心因贪婪和凄惨的饥渴而灼烧；有一些文字和公式可以平息这种苦难，至少可以部分治愈这种疾病。你因虚荣而膨胀；只要你把一本特定的书籍精确地阅读三遍，就能得到救赎。嫉妒的、愤怒的、懒惰的、醉酒的、纵欲的——其中没有一种是野蛮到不能被驯服的，只要你们有潜心学习的耐心。】

我们在基督教传统中找到的第一份关于原罪的书面证词，在我看来似乎是最有洞察力的——无疑反映出了沙漠教父们的敏锐，以及他们置身于其中的鲜活传统。隐居者（构成基督教在最初几个世纪的核心）埃瓦格里乌斯（Evagrius，出生于希腊）是第一位为我们留下文字记录的人。人们也将他视作第一位将沙漠教父们关于祈祷生活的教义整合成连贯系统的人。苦行生活对于埃瓦格里乌斯来说，是"灵性方法，其目的是净化灵魂中激情所在的那个部分。"

有人说，沙漠教父们之所以能够阐述原罪的理论，是因为他们也曾亲身经历过这些原罪。埃瓦格里乌斯是奥里根（Origenes）和尼撒的格里高利（Gregory of Nyssa）的继承人，也是但丁在《神曲·天堂篇》（*Paradise of the Contemplative*）中称为"大马库斯大帝（Macarius the Great）"的直系弟子。班贝格（Bamberger）在他为《实践篇与祈祷篇章》[①]（*The Praktikos & Chapters on Prayer*）所

---

① 埃瓦格里乌斯·庞提库斯（Evagrius Ponticus）所著。

写的导言中说，埃瓦格里乌斯是第一位"心灵激情的解剖学家，无论是解剖其在行为上的表现，还是在内心活动中的显现"。

引用埃瓦格里乌斯：敬畏上帝[①]巩固了你的信仰，我的孩子。而节制，反过来，肯定了这种敬畏。耐心和希望使这种美德变得坚实且不可动摇，并催生了无欲心境。然而，在这种无欲心境中会升起灵性之爱，它守护着通往对造物主的深奥知识的大门。这些知识最终被神学（当然，我指的是智慧或灵知）和至高的真福所取代。

有趣的是，埃瓦格里乌斯表述的主要原罪中——最开始——并不是由七宗罪构成，而是八宗。同样有趣的，或者说更为甚者，埃瓦格里乌斯并没有称它们为罪，而是将它们视为"念头"——"坏的念头"（今天我们会说"破坏性思维"），后来又称它们为"激情思维"。

在埃瓦格里乌斯罗列出的罪状中，除了骄傲以外（它在目前的格里高利罪状中排在第一个，但在埃瓦格里乌斯那里则是最后一个），还包括了虚荣。他将其描述为一种不易察觉的罪，很容易在践行美德的灵魂中被发展，并导致他们希望自己的努力被公众知晓，因为他们寻求认可。虚荣除了被排在格里高利体系所认

[①] 我们不应该将古人所说的敬畏上帝（Fear of God）认作普遍的神经质恐惧，尽管我们不禁会这么认为。很明显，古代犹太人明白对上帝的敬畏是人类眼中至上勇气的基础【比如英雄先知以利亚（Elias）的例子】。

第一章
激情、病理学和神经质动机

可的七宗罪中,也在埃瓦格里乌斯将魔鬼视为"谎言之王"时被看出来。甚至在埃瓦格里乌斯之前,《十二族长遗训》(Testament of the Patriarchs)中就提到了"说谎的灵",似乎埃瓦格里乌斯继承了一派更古老的传统,认为"说谎的灵"是其他七宗罪的基础。如今研究人类性格的专家也许会觉得用"虚假"或"不真实"更为恰当。这就是为什么严格来说,后来的神学家们谈论七宗罪时,不应该认为它们是不同的教义。可以说,对这种七元组的认可,以及对这类与原罪关联的光谱或彩虹谱系的认可是古往今来所共通的。

对于那些有过实践,对罪的心理有着鲜活知识的人来说,很容易看出埃瓦格里乌斯的忧郁(悲伤)被嫉妒所取代:嫉妒与悲伤有关,因为缺乏价值的感受无可避免地会带来悲伤;同样的道理,虚假丰盛的骄傲也造就了一种欢快的激情。在描述怠惰方面,埃瓦格里乌斯的权威尤为实用,他将其称为"正午的魔鬼",它在修士(即寻求内心宁静、无欲心境或精神平和的人)的内心生活中导致了缺乏关怀(希腊语中的 chedia),而这也导致了对正反馈的强烈需求——因为在如此强大的诱惑下,一个人很容易从对神性的专注中分心,甚至离开自己的隐修室。埃瓦格里乌斯告诉我们,怠惰是最大的痛苦,也是最大的净化契机。

看来沙漠教父们对忘记上帝是什么有着真切的认知(灵性懒惰的诅咒),而后来的修士——显然更加外向,也更加好动——给了这个词一个简单的意思"懒惰"。① 这种偏离重点关乎对惰性原始含义的遗忘，也反映出传统的退化。正如基督教历史上屡屡出现的那样，狂热的正统教派最终从根源上被切断了，失去了第一手的知识。当原教旨主义被认为是异教，埃瓦格里乌斯本人也成了一个异教徒，这当然也就导致他被禁言，随之被遗忘——但这并不意味着他不是传承中最重要的一环。

虽然对七宗罪的鲜活理解似乎已经在基督教的核心中消失了，然而我们已然看到心理学世界中的人对情绪的兴趣，并且他们对嫉妒和骄傲这类基本情绪的探究也正在复苏。

我首先提到嫉妒，因为梅兰妮·克莱茵（Melanie Klein）比卡伦·霍妮（Karen Horney）更受后人缅怀，霍妮留给我们对神经症的视角在于"将灵魂出卖给魔鬼以换取荣耀"。尽管对霍妮来说，骄傲和"应该对人有控制"似乎是所有神经症的基础（骄傲会要求并维护特定的理想化形象，支撑着这些神经症的正是对骄傲感的维护），我不认为梅兰妮·克莱茵也将嫉妒作为基本心理病理学的教义明确地留给了我们。在我看来，她这么做是由于她将嫉妒视为某种原罪：一种由基因遗传而染上的病症，并成了与我们本性中密不可分的死亡本能中的一个面向。

在多年的心理医师经验里，我认为从嫉妒的角度来解释神经

---

① "惰性"包含了灵性上的懒惰，但在行动并上不一定懒惰。

第一章
激情、病理学和神经质动机

症行为,或者把它解释为一种基本的骄傲冲动的表达,是有其意义的,尤其对那些以骄傲或嫉妒作为他们主要原罪或主导激情的人来说更是如此。这是很自然的,因为受嫉妒主导的人(顺便说一句,我发现这类人是心理治疗界中最常见的性格类型)难以在从恐惧角度出发的阐释中看到自己,而更容易在一步步反映出他们嫉妒的阐释中看到自己。

我提到恐惧,而没提别的,因为恐惧是自弗洛伊德以来心理学中最常见的阐释:可以说,焦虑(非理性恐惧)在弗洛伊德的理论中,就如同埃瓦格里乌斯的理论中的"说谎的灵"一样,是一种根本的病症,是不健康意识的根源。

智利大学精神病诊所的一位同事曾批判精神分析师用焦虑来解释一切。我相信他说得有道理,因为比起骄傲、嫉妒和其他特定形式的匮乏性动机,精神分析师确实会更频繁地用焦虑(其次是仇恨)来解释一个人的行为。而且因为这类解释经常是正确的,它就助长了过度概括的诱惑。

因此,在精神分析中,对神经症的基本解释是童年恐惧,这源于儿童在面对父母权威时的无助和依赖。正是这点抑制了我们的恐惧,抵消了我们本能的力量。弗洛伊德将他的一本书命名为《抑制、症状和焦虑》(*Inhibitions, Symptoms and Anxiety*),在书中他表达了这样一种观点,即焦虑引发了抑制,症状也因此而出现(现在,我们更多的是说"神经质的痛苦")。

令人感到好奇的是，基督教如此颂扬殉道者的鲜血，却没有把怯懦列入它的罪名中。还是说，他们对这一点并不感到好奇。尼采在他的《道德的谱系》(Genealogy of Morals) 中留给我们的理论是，我们的道德意识既来自犹太人——他们逃离了奴隶制，却又在流放中重新回到奴隶制——也来自早期受迫害的基督教。尼采因他所称的"奴隶道德"而斥责基督教，后弗洛伊德时代的我们会称其为被阉割者的道德——它们集中在关于谦卑的美德上，而忽视了对异教徒古老信仰中的勇气的承认。（希腊语 arete 翻译为美德，但是有勇气的内涵。）

在我看来，认识到恐惧属于基本的个体议题，恰好发生在这个伟大的革命的时代——世界摆脱了大量的独裁主义。一个威权社会的基本结构正是藉由恐惧来强制执行的，因此认为威权社会以保密为基础是合乎逻辑的。这就是为什么我们会说，认识到内心的敌人本身就是有疗愈效果的，就像在一些童话故事中，当主人公说出敌人的名字时，敌人就会消失。

任何人，只要对我所列举的与原罪有关的所有情况进行过研究，就一定会对一种既能概括所有情况又能超越所有情况的心理学理论感兴趣，比如本书的灵感来源。

我指的正是将"九型图"应用到人格领域，九型图是一种对宇宙进程的象征性表达，从中亚地区留存的灵性传统中流传下来；通过葛吉夫先生，人们第一次公开地了解到这种密意基督教，它具有巴比伦、前基督教根源（一类通过伊朗灵性信仰传播的影响），葛吉夫先生将其描述为传统灵性形式中的"第四道"。

九型图是一种象征性的几何结构，是第四道这个传统的象征，也对应于宇宙法则的抽象表达："三的法则"和"七的法则"[①]。对此不展开深入探讨，我只是讲述当它应用于人类性格时，图形显示出了在多种类型（在此观念中为九种类型）的背后，存在着三个心理面向，而所有其他的内容都由此衍生出来。并且，其中之一是最基础的：我们可以把它设想为一种活跃的无意识。

自然，在心理学中也再次发现了这一点——弗洛伊德的基本观点就是关于无意识的，对他来说，神经症的心理学就是关于无意识的心理学。然而，就"无意识"这个词来说，强调其动词的属性比强调名词属性更为合适，即，不想了解的意愿。如今，自我意识作为转变之路上的基本角色已经被认识到了——在所有的层面上，从身体层面，通过行为（特别是人际行为），到情感层次，再到思想层面，甚至到对意识本身的意识，而这正是灵性传统的基础。

我不知道有多少读者是通过邬斯宾斯基留给我们的谈话、观念和活动等证据而对葛吉夫先生的理念有所了解的。当我问及那些在加州（20世纪70年代我常在这里）来找我的人，在灵性之

[①] 原著编者注：关于这些理念的介绍，请参阅 G. I. 葛吉夫和 P. D. 邬斯宾斯基的作品，尤其是邬斯宾斯基的《探索奇迹》。

路上，他们是从哪里找寻过来的？——他们是怎么知道这里的，是什么吸引了他们的灵性之旅的注意力？——至少有一半的人提到了葛吉夫。虽然直到不久前，他的名字在世界上还鲜为人知，但对许多具有良好"嗅觉"的求道者，或者用他的话说，"具有发展良好的磁性中心"的人来说，葛吉夫是一个特别的存在。

葛吉夫是 20 世纪早期俄国的"苏格拉底"。从我的一生中来说，在青少年时期遇到一位真正的精神导师是有决定性意义的，他让我意识到真的有人"知道"，最完整意义上的"知道"。那些存活至今的密意知识是真实存在的。在我生命的后期，我也是葛吉夫学校的一分子，或者更准确地说，是他离世后留下来的学校，当时的中心是由萨尔茨曼夫人建立的。

我有幸参加了一场与高阶弟子和经验丰富的带领人聚集在一起的会议，这样的会议自二战开始以来就再也没有举行过。当时枫丹白露的中心已经被出售，四处分散的各团体来到巴黎的咖啡馆聆听葛吉夫的教导。但正是由于那次接近这所学校核心的特权机遇，我很快就感到了幻灭——因为我在葛吉夫留下的学校中似乎找不到一个鲜活的（在最完整意义上的）传承。

因此，为了不失去希望，找到一个能体现出葛吉夫带给我们这暂然而逝的知识的人，我对伊德里斯·沙赫（Idries Shah）产生了兴趣，在他的书《苏菲之路》(*The Sufis*) 中，他给了我们与这个传统接触的讯息，他称之为苏菲，但正统派并不认为这是苏菲派的典型表达。

通过沙赫提供的信息,我了解到沙塔里(shattari)的技巧或称快速方式,以及它在一些当代纳克什班迪(Naqshbandi)传承中的遗留。通过伊德里斯·沙赫带领的一个研究团体,也是我所在的团体,从他们公布的材料中,我也得知了萨尔蒙兄弟会的消息,除了葛吉夫的自传以外,没有人知道任何关于它的事情。我觉得这些信息对我来说是一份礼物,因为它让我与一个对我的生活产生深远影响的人建立起了联系。

对我来说,相比于九型相关的原型分析和灵性法则的知识,和奥斯卡·伊察索(Oscar Ichazo)一起完成的工作对我产生的影响更为重要。20世纪60年代在南美洲,奥斯卡·伊察索开始为人知晓,他被认为是一位在隐秘的学校中接受过高等灵性教导的人,在那里有着很多像他这样寻求一份连接的人。

在我与伊察索最初的某次会面中,他向我描述了要与他一起工作所要经历的训练。在"原型分析"(一个人对自己的人格有所觉察的阶段)之后,是关于美德的工作,同时还有一项临时的小组任务,借由特定的技巧,通过自己的行为和对他人的批评进行"对小我的削弱"。这将为我们准备好与个人化的固着相对应的"催化剂"相关的工作体验——这项工作如果做得好,必然会把我们带向第一层神秘体验。他的工作还包括发展"中心",激活脉轮，提升昆达里尼，以及增强拉塔伊夫（lataif）①的敏感度。

尽管与伊察索的接触在我心中激起了无数的怀疑，但我还是决定接受他的建议，让自己有机会体验一下——简而言之，我很高兴做出了这个选择。在智利的圣地亚哥熟悉了最初一段时间的日常生活之后，在接下来的一年里，我们在阿扎帕绿洲（在智利的最北部，靠近阿里卡）的一个团体中相处了几个月——对我来说，这是一次朝圣之旅，也是更高层次生活的开始。

关于那段经历，对原型分析的知识，以及对九型图在理解人格和内在工作方面的其他应用，有点像是一份"告别礼物"。或许对它的这种解释方式来自我的内心，因为这份沙漠礼物在之后（当我返回世俗时）开始让我对事物有所理解，它让我得以从帮助他人之中获得巨大的满足感。

在接下来的几页中，我打算简明扼要地转述伊察索关于将九型图用作低等情感中心——或者说激情领域——的地图时所传递的内容。不过，我希望首先提及的是，在我与伊察索的第一次会面中，他画了一个九型图，并在相应的点上写下了激情的名称，让我在地图上找到自己的位置。我猜了两次，但两次都错了。

那时，我已经有很多年的精神分析经验，还历经了葛吉夫的

---

① 译者注：拉塔伊夫（lataif）是苏菲派的脉轮激活点，位置在人体胸部区域。伊德里斯·沙赫在《苏菲之路》一书中写道：拉塔伊夫在理论上被认为是"精神知觉的初始器官"。

传承、格式塔疗法、会心团体以及其他的研究调查。尽管这一切对我帮助很大，但我还是没能猜对，第一次和第二次都错了。然而，他向我展示的东西（也许是我最不可能想到的）在几小时后变得显而易见，随着时间的推移，让我对自己有了愈发深刻的认识。

伊察索说过，正如在他之前的葛吉夫也说过，人们很难知道自己的根本缺陷。因此自我诊断是困难的，诊断别人也是困难的。然而，伊察索是一位行家，他在这个议题上留给我们的馈赠在于指出与他一起工作的我们每一个人的主导激情。他在这里用作指南的地图正是九型人格的一个明确应用：激情九型图。

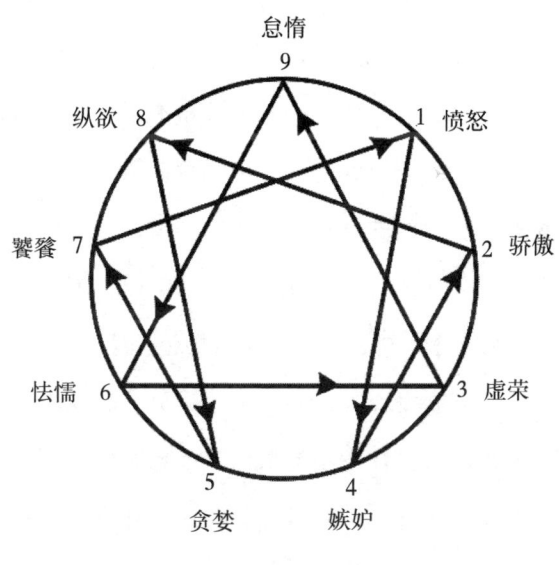

图 1-1　激情九型图

九型图向我们展示的"神经症解剖学"观点表明，弗洛伊德学派的恐惧和古代拉比们的"谎言"同样重要；还有对焦虑的抑制和对自我的伪造，不真实或虚荣，都被同等强调。

这一观点与现代心理治疗师——接受了弗洛伊德和人本主义心理学的传承——的思想高度一致。弗洛伊德的神经症理论本质上是以焦虑为核心概念的，因此，当行为表现出某种受焦虑激发的表达时，就可以被定义为神经症。另一方面，心理治疗中的存在主义思潮的基础则是将神经症视为一种真实性的缺失。然而，这两种观点很难分开，因为如果没有想要借由机械化来逃离焦虑的愿望，也就不存在掩饰的动机，而且恐惧基本上都伴随着对自己的背叛，即失去真实性。这种关系在九型图上的恐惧和虚假中得到了承认，它们是由一条线连接起来的两个对称点。

但是神经症的这两个支柱——恐惧和不真实，根据九型图可以看到是一个三元组的组成部分。神经症的第三个基石——正如我们在九型图中所看到的——是内在的懒惰，一种认知惰性、怠惰。跟随葛吉夫的说法，将其称为"自我镇定的魔鬼"，这样称呼的好处在于，它能让人对自己的无意识负起责任。

意识的懒惰可能表现为灵性怠惰，或更广泛地表现为心理上的怠惰：不想要知道正在发生的事情，不想要意识到它。它表现为对自己的慢性自我分心，同时过分关注外部世界。对生活怠惰的态度是一种沉重感或过度的惰性、一种过于稳定的心理，遗失了精细的感知和自发性而使之达到机械化的顶点。在行为层面上，这种缺乏内在性会导致过度的惰性、黏液质或被动性；在最个人化的层面上，除了自我遗忘之外，也丧失了生机。

怠惰作为激情九型图上中心三角形的顶点，形象地表明了它与三角形其他两个顶点的关系。图表上的箭头意味着，这种存在感的丧失和人与自身的脱节是掩饰的结果，反过来，存在感的丧失又构成了恐惧的动态核心：当生活需要行动时，由于缺少在存在感中的锚定体验，我们会变得过于脆弱。我们可以说，在所有的恐惧中，都有对未来毁灭的恐惧，像是一种对"不存在"的直觉回应。换句话说就是：怠惰是一种自我遗忘的生命体验，它不寻求什么，反而是一种自满的、听天由命的态度，而恐惧正盘踞在"不存在"的边缘处，当面对这种直觉性的空无感受时恐惧被强烈地证实。另一方面，如戈雅（Goya）所说，理性的梦境创造了怪物：人们在恐惧气氛中所制造的幻想，其根源就在于无意识。

因此，这就是小我或人格结构的三块基石：恐惧、虚荣和怠惰或意识的惰性，表现为遗失了内在性。三者的恶性循环构成了一个动态的神经症理论。之所以说是"动态的"，是因为这些实体中的每一个都构成了一个能量焦点，并由此产生了特定类型的行动，也因为三元组的理论包括了相互之间动态转换的观点：三种基本神经质动机之间相互转化的动态。

我希望其他人会像我一样，看到这种神经症观点鼓舞人心的一面。在解脱过程的广义概念上，它暗示了一种"疗愈性"的观点：随着我们在他人面前揭下自己的面具，以及克服各种压抑，相对性地超越恐惧，这是一个变得有觉知的过程。进一步广泛地来说，一位了解九型的心理治疗师将不可避免地把治疗过程视作一个对抗九种激情之流的过程，我们将在本章中回顾这九种激情。

然而，在论述代表基本错误或罪恶的外部圆圈之前，我应该说，圆圈的象征也意味着没有突出某一种激情。既然如此，我将从中心三元组以外的六个点位开始回顾。位于九型图上一号点位的是：愤怒，与意识的怠惰相邻，正应了那句老话"愤怒是盲目的"。我们会发现以愤怒为核心动机的性格并不是一个暴力的性格，相反，他们反对自己的暴力和他人的暴力。他们盲目实施的暴力并非我们常说的暴力，而是呈现为批判的态度、对权力的兴趣以及对苛求和支配的兴趣。

"愤怒是盲目的"这句话，并没有像在黑暗中与公牛搏斗的巨人埃杰克斯（Ajax）的暴力那样具体地表现出来，它更像是季诺（Quino）在一幅漫画中所描绘的牧羊人那样微妙地表达出来：当牧羊人表情冷厉严肃，含蓄地批评着羊群中一头（没有胡乱吃草的）羊的愚蠢，却不曾看出这头羊在草地上啃出了一个面带微笑的牧羊人形象；他自然也不会料到这头羊想要以如此友好和聪明的方式和他交流些什么。

一个主导激情是愤怒的人并没有明显地发怒，因为暴力是纵欲型的典型表现,当这种性格占主导地位时,其心理态度不是对进攻性予以否定或控制,相反地,而是过分重视它。如果说愤怒型是一只僵硬的手,力图控制,那么纵欲型便是蔑视地否定了压抑性的控制。

尽管纵欲通常被认为是和性有关的激情,但从内在的意义上来理解它,这是一种对"更多"的过度渴望:一种激烈的激情。自然,性可以满足这种激烈性,但纵欲的人挥霍着他们的能量,在每一件事上都会寻求强度,无论是在感官刺激的世界还是在他们日常的行为活动中。

纵欲似乎是与怠惰完全相反的态度。怠惰被表达为粘液质,作为一成不变和缺乏激情的倾向,而纵欲似乎更多地表达了一种过度的激情。然而,如果纵欲的人转向内倾思量自己的纵欲,他们可能会发现,正是因为自己感受不到,所以才需要如此强烈的感受;这正是脱敏过程的结果,他们迫切希望用激烈性来取代这种缺乏敏感性。

我们已经谈到了在九型图顶部所代表的三种激情,我们可以称它们为怠惰家族。现在让我们继续探讨九型图中另一个对立的极性,其组合构成了恐惧家族。为什么说贪婪是出于恐惧而紧紧抓住它的对象不放呢?当然,我们在这里谈论的不仅仅是对金钱的贪婪,而是一种更广泛的有所保留的心理表达,它像是一种对想象出来的贫乏的防御。贪婪有点像是被恐惧所麻痹,与之并行的就是过一种经济节约的生活——不在行动上投入精力（尤其不投资关系），转而向着也许会更美好的未来保留自己。

但是，作为典型的贪婪表现，不给予不仅暗示了潜在的恐惧，它也是匮乏的一个面向，这就将贪婪与嫉妒关联起来了。嫉妒可以被描述为一种强烈的欲望，想要纳入某些东西，其基础是一种对匮乏的深切情感。在精神分析的术语中，嫉妒被称为"食人的"、吞噬性的激情。

同时，嫉妒也位于贪婪和虚荣之间，属于虚荣的家庭（与骄傲一起，并处在与之对称的位置上）。如果说嫉妒是渴望被填补，那么骄傲就是已然感到充实，并且想要去填补别人。嫉妒索求，它在匮乏感中渴求；而骄傲则从一种基本的富足感中提供，并给予。

毫无疑问，这种嫉妒的表达比骄傲的表达会引发更多的痛苦，骄傲本身是一种愉悦的表达。由于骄傲的本质正是让自己拥有一个善良、高高在上的形象，所以很难感受到这其中有什么问题；因此，古代灵性导师的智慧教导尤其希望指出骄傲的严重性，并称其为第一等罪。例如，在但丁的《炼狱》中就会看到这一点。

九型图中每一个点位都代表了相邻两侧的点位交互作用的结果，这一逻辑在骄傲中也有所体现。骄傲型与虚荣型都会伪造自我并强调自己的个人形象；骄傲与愤怒也有关联，因为骄傲型和愤怒的人一样，采取了一种自我肯定和优越感的表达方式。

第一章
激情、病理学和神经质动机

最后是饕餮，在九型图中可以看到它与恐惧相邻，尽管这种贪食的性格并不会有意识地感受到恐惧。然而，如果饕餮的人能够深入地审视自己，就会明白自己无论是追求快乐还是逃避痛苦，都是一种面对焦虑时的逃避反应，是一种逃离自己的形式。当然，我们在这里谈论的不仅仅是对食物的饕餮。神学家所描述的饕餮，对应于精神分析学中所说的"口欲接受型"——一种类似于母乳喂养的儿童的心理表现，也被认为是成年人退行到这种享有更多特权的童年生活状态。

饕餮不仅涉及感官上的享乐主义，而且是更广泛意义上的不愿感到不自在，尤其是想要获得不受阻挠所带来的愉悦感受——比如，自我放纵。神学家们将饕餮罗列为最古老的一系列罪状的首位（在被骄傲取代之前）也是有道理的：因为饕餮的心态会比其他心态带来更多的快乐，因此尤为诱人。奥斯卡·王尔德这句有趣的格言可以帮助我们理解饕餮在走向成熟的道路上所构成的障碍，他说："我能抵制一切，除了诱惑。"

虽然饕餮属于恐惧家族，但那些以饕餮为主导激情的人在享乐主义和叛逆性方面与纵欲型的人很相似，这一事实揭示出饕餮与纵欲同样有着密切的联系。纵欲寻求强度，饕餮寻求愉悦（甚至更加果敢，而没有痛苦）。

在我看来，伊察索提出的九种基本激情的外圈圆形是对埃瓦格里乌斯八宗罪的完善，除了将恐惧也纳入罪状之中，它们不单单是九种罪而已,而是精确地构成了一个圆环:是一种激情的序位,一种"心理动力学"的模型。也就是说,这是一个给出了每种激情起源的概念模型:每一种激情都是其相邻两个激情混合的结果,整套模型由一个基本三元组衍生而出,而这三种基本激情自身也构成了彼此之间的转化。

显然,有些罪是从其他罪而来的,这种观点在基督教文献中并非新鲜事;特别是在埃及生活了20年后来到马赛的卡西安(Casianus),他在5世纪就已经谈到了这一点。他的学派的最后八本书中的每一本都致力于其中一种罪,并以圣经中的例子和埃及修士的轶事加以说明。按照卡西安的说法,根据一个顺序,每一种罪都来自前一种罪,从饕餮开始,直到骄傲结束。

但是在我看来,九型图中的激情排序,无论是准确性还是细节,都要比卡西安的概念更进一步。除了代表恐惧、虚荣和怠惰之间的心理动力学的连线之外,九型图还指示了其他点位之间的单向路径——其余激情之间的心理动力学的连线——其内容如下:当愤怒指向自身时,它如何变成自我毁灭的嫉妒;满是嫉妒的贪婪,是如何在魔镜中变成由骄傲滋养的慷慨;被骄傲俘虏的诱惑性姿态是如何变成被纵欲俘虏的嚣张跋扈;纵欲式的贪心,如何经由自我否定而变成了软弱无力的贪婪式贪心;节约、自我剥夺的贪婪,作为补偿,是如何引发挥霍自己的态度以及饕餮的自我放纵;甜蜜的自我放纵又是如何再次引发其反面:愤怒的苦行式的严苛。

更重要的是，伊察索阐述的超个人心理学表达出了一种通过切身体验的形式来传递经验性知识的鲜活传统。其中一个显著的方面就是他让我们对那些由不同激情主导的性格有了深刻的领会。（在美国和其他英语国家，这种性格学的课程已经成为耶稣会士培训计划的一部分，这就足以证明这一点。）

很明显，教会的神父们不仅将这一系列的罪视作一种共有的不洁，而且还根据哪一种罪占据了主导地位来识别人类的类型。这个观点被反映在了但丁通过一系列特定的化身来对罪所进行的描述中，这些描绘体现出了他刻画性格的天赋异禀。圣十字若望（St. John of the Cross）在他关于"灵魂暗夜"的论述中也描绘了在神秘觉醒之后与灵性成熟之前的这段审判期间，每一种罪所呈现的形式。

然而，当我们熟悉了伊察索"原型分析"的理论基础九型人格心理学之后，就会发现但丁的观点存在心理学上的错误。伊察索传授的视角，则更类似于治疗师的洞察力，而不是经由传统训练出来的牧师视角。

伊察索实现原型分析方法的显著贡献之一在于他精准的诊断——就像我在上述相关轶事中已经暗示的那样。正如我所说，自我诊断是困难的。或者，至少，从问出"到底是骄傲在自己的生活中占主导地位，还是嫉妒、恐惧，或是其他一些'匮乏性动机'占主导地位？"这类简单的问题来判断，在一开始的时候是很困难的。

然而，如果一个人掌握了比伊察索提供的信息更多的时候，任务就会变得稍微容易一些。尤其是，相较于情绪或动机状态，与行为相关的问题更不容易出错，例如，当一个人问自己是否饕餮或纵欲时。对于我们不那么值得称赞的动机，承认它们以及评估它们在我们人际关系中的重要性很大程度上会出现可能存在的纰漏，但是我们无法忽视自己行为层面的事实。

对心理失常的科学描述通常是从行为的角度来表达的，而精神病学和心理学的各种综合征正好是以某种激情为中心的一系列人格模式的夸张表现。

作为一名心理治疗师，我刚开始与伊察索一起工作的时候就很自然地逐渐意识到每一种罪或激情都对应着医学和心理学中公认的某种性格病理。通过后来的实践，我越来越清楚地认识到，如果一个人不仅熟知激情九型图，也熟悉病理学九型图，那么他就会更容易从个性中识别出自己的原型。

虽然性格病理性只不过被认为是正常的性格特征中最有问题的表现，但同样真实的是，所谓的"正常"也只是在较小程度上的"病态"（或者如果我们更喜欢宗教术语的话，可以说"有罪"）。因此，病理学的知识有其独特的意义，通过夸张，使我们的"阴影"更明显。（同样通过对病理学的研究，我们也会逐渐理解什么是"健康"。)

在下一章里,我将会详细地讨论围绕每一种基本激情所构成的九种性格,但作为对激情或原罪的九型图的补充,我将在这里罗列九型图中相应人格的畸变,就像我们在哈哈镜中看到的那些夸张形象一样,希望这可以帮助"正常的"读者们意识到自己微妙的病理性。

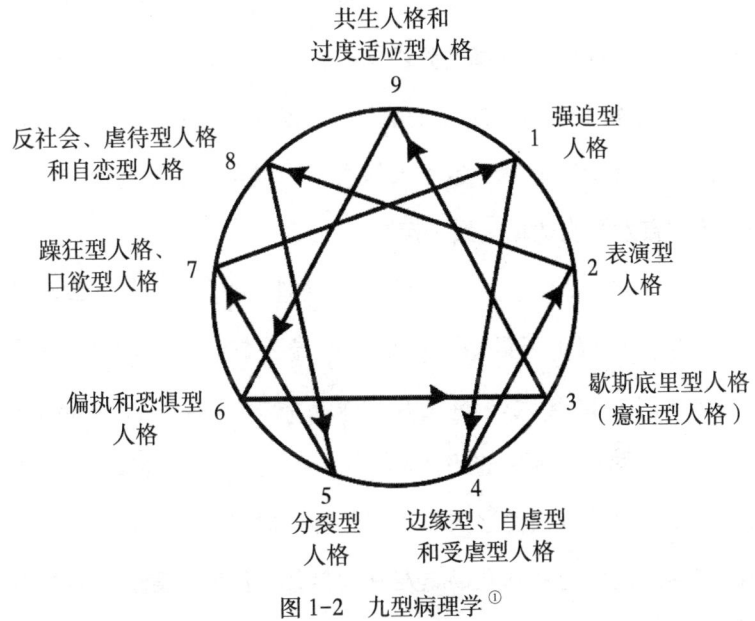

图1-2 九型病理学①

在这个新的九型图中,我在一号点位写下了"强迫型人格"。

---

① 正如图中所示,我更倾向于不将不同作者的特征词汇同质化,而是按照各自的用途,保留"人格""性格"等术语。

这意味着最能够对应于愤怒型的性格就是自19世纪以来所称的"强迫型人格",或按照当今更准确的说法就是"强迫型人格障碍"——根据众所周知的由北美医学协会制定的《精神疾病诊断与统计手册》或简称DSM-III的命名法。(目前该手册最新版本是由美国精神病学会制定的DSM-5-T12版本。——编注)

这是一个僵硬的、完美主义的、过度掌控的性格,其中存在着一种对秩序的渴望和过度的严肃性。这类人格对于细节、要遵循的规则和准时性都有着过分的担心,以至于影响了他们行动的实用性以及所承担任务的完成度。他们表现出过分的严谨和道德主义倾向,这似乎抑制了这类人的心灵,以至于他们的交友能力和情感的自发性表达也受到了抑制。

我将DSM-III中称为"表演型"的性格定位在了九型图的二号点位,对应于骄傲型。这个术语最近取代了旧词"歇斯底里"——这个词有太多的重叠含义。罗娜·本杰明(Lorna S. Benjamin)[①]对这种人格的综合解释如下:"这类人想要成为关注的焦点,深切渴望有权势之人的爱和关怀,同时又能通过魅力对其加以控制。他们的基本立场是友好的信任,同时伴随着一种缺乏敬畏的隐藏目标:不惜一切代价获得爱。"

以虚荣型为中心的性格对应于过去被称为"歇斯底里"的性

[①] 罗娜·史密斯·本杰明.《人格障碍的人际诊断与治疗》.纽约:吉尔福德出版社,1993年.

格,而且 DSM-III 的作者错误地将其认作一种近似不完美的"表演型"。这类性格在具有"可塑性"(这是一种有意扮演不同角色的能力所产生的结果)的特征方面与表演型性格有相似的特点,但在 DSM-III 中却找不到对它的描述——这可能是因为作为一种欢乐、高效的性格,它看起来并不病态,而且还挺符合北美人的风格。在对歇斯底里人格的描述中找不到它最显著的特征,反而在艾里希·弗洛姆(Erich Fromm)提出的"人格的市场导向"的观察中得以窥见。

"这类人必须在人格市场中显得时尚,而为了时尚,他必须知道最有价值、最受重视的性格是什么样子的。这种知识的传播贯穿了整个教育过程,从幼儿园到大学,并且也贯彻在家庭里。然而,在幼年阶段获得的知识是不够的:它只强调了某些一般性的品质,例如适应能力、上进心以及对他人不断变化的期望的敏感性。更具体的成功形象是通过其他来源获得的,比如展示了各行各业成功人士形象和生活史的插图杂志、报纸和新闻短片。"[①]

在当今的 DSM-III 中可以找到不止一种与嫉妒型表达相对应的性格综合征。最典型的易冲动且戏剧性的自我毁灭形式之一是所谓的"边缘型"人格。罗娜·本杰明将其描述为一种对被遗弃的病态恐惧,夸大了对被保护和帮助的需求,同时有一种想要与

---

① 艾里希·弗洛姆.《自我的追寻:伦理心理学探究》.纽约:霍尔特、莱因哈特和温斯顿出版,1964 年.

提供保护和帮助的人在身体上接近的欲望。如果保护者或爱人所给予的不足够（然而所给予的永远都不足够），友好依赖的基本立场就会变成有敌意的控制。这类人不允许自己变得欢快或成功，对让自己处于缺乏和挫折的状态有一种隐性的执着。

另一类尚未公认的类型，可以翻译为"自虐型／自我挫败型人格"，它对应于更为人熟知的"受虐狂性格"概念【尽管不同于洛温（Lowen）从生物能量学中引申所称的受虐狂性格】。霍妮写过的大量文献都是在描述关于这类人凭着受苦而抱怨和索取的特征，以及他们的情感依赖，还有自我贬低。

与贪婪型相对应的性格综合征就是我们今天所熟知的"精神分裂型"人格，其特点是对人际关系漠不关心，缺乏沟通，缺乏表达性，限制自己的欲望，表现为社交上的笨拙。

对应恐惧型表现的性格综合征不止一种。其中之一是一种胆怯、犹豫不决的性格，在DSM-III中有两种不同的描述："依赖型"人格和"回避型"人格。我确信这两种人格并没有本质上的区别，只不过是同一种综合征的变体，在其中，对获得支持的过度需求和对接近他人的胆怯同时并存。

上述两种的基本人格体现的是对支配型人格的过度顺从，支配型人格被期望扮演保护性和引导性的父母角色。想要维系这种连接的欲望甚至会导致这类人纵容虐待行为。因为他们认为自己是无能的，离开了自己所服从对象的支持，他们将无法生存。

第一章
激情、病理学和神经质动机

另一方面，精神分析方面的文献也揭示了一种反恐惧型人格，它与DSM-III中的偏执型人格最为相似（只是后者的描述对应于最异常的情况）。这种人格形式为了回应对于恐惧的隐性恐惧，从而否定了恐惧，并且会有一种夸张的隐性防御策略通过攻击行为表现出来。

这是一种倾向于将他人的行为解释为故意对抗或怀有恶意和敌意的人格，不信任他人的友谊或可靠性。他们在没有威胁的情况下会感知到有威胁，对想象中的侮辱感到愤怒，因妒忌而遭受痛苦和折磨，并且非常容易有攻击的意向。

最后，还有一种恐惧型的表现形式，可以称之为"普鲁士人格"，在当今的诊断实践中这种人格与强迫型人格混淆不清：这类人害怕犯错，过分遵守理性或理念上的准则，在追求秩序和精确性中找到其避难所。他们害怕被指责不完美，对秩序的追求导致他们处于一种控制的立场，而且不为他人着想。除了对他人的批判之外，还会表现出过度的纪律性以及情绪控制和自我批评。

关于与饕餮型相对应的人格，最早是弗洛伊德的弟子卡尔·亚伯拉罕（Karl Abraham）对之有所描述，他将其描述为"口欲乐观型"或"口欲接受型"人格。在目前的诊断规范中，最接近的描述是"自恋型"人格，其特征是非常需要爱慕之情、支持、崇拜和顺从，并期望因个人的才能或优点而被特殊对待。

虽然对应纵欲型的性格与威廉·赖希（Wilhelm Reich）所描

述的"阴茎自恋型"人格非常接近,但在当今术语中,这种人格类型的极端形式被称为"反社会人格",其中最夸张的形式则被称为"虐待狂人格"。也许最好的描述还是卡伦·霍妮提出的一种"复仇型"人格:在这种人格中,个体压抑自己关爱他人和柔弱的一面,旨在通过追求权力和一种不会受到伤害的幻觉来补偿对环境无能为力的婴儿般的伤感。

这类性格有一种控制他人的过度欲望,同时又非常需要独立,强烈抵制被他人所控制——被那些他们看不上的人控制。攻击性和恐吓则为独立性和支配性而服务。反社会的人通常让自己表现为一个友好的、社会化的人,但在内心深处,他们并不关心别人或甚至是自己会发生些什么;这其中也暗示着他们有承担风险的能力。

恩斯特·克雷奇默(Ernst Kretschmer)将怠惰型的性格生动地描述为"循环性精神障碍(cyclothymic)"人格中的"轻度躁狂症"变体。它也对应于生物能量学中的"受虐狂"人格,但在《精神疾病诊断与统计手册》中找不到明确的呼应。这也很容易理解,因为不适应往往会比过度适应更容易被认为是病态的,而这种类型恰恰就是那些不承认问题并对社会环境过度适应的人格。

当今的临床性格学更多地强调行为层面,而非动态或动机层面。我清楚地看到激情九型图所反映出来的动机式性格类型学,在某种程度上构成了一幅动态的地图,对于以发展意识为目标的人来说，这会是一项关键性的补充。洞察神经症情感核心的治疗价值，与洞察神经症认知核心的治疗力量不相上下，而伊察索提出的"原型分析"宣称，认知核心是最根本的，也是最抗拒改变的。我将在下一章谈及其中的内涵，并以此作为对九种基本性格深度治疗的一个组成部分。

第二章

九种基本性格的圆环

谈论"性格"或人类类型与谈论"病理学"或"人格障碍"有些不同,因为心理学家和精神病学家描述的异常症状只对应于某些人类类型最明显的表现。例如,根据最近的一本书,在美国向治疗师寻求帮助的患者中,只有大约 3% 被诊断为精神分裂症,但我敢肯定,如果一种特质在极端情况下被医学界称为精神分裂症,那么根据这种特质区分出来的性格类型其比例要高得多。

然而,谈论病态是非常有必要的,因为在某种程度上,心智健全与病态间的区别更多的是关于常规习惯,而非真实情况。换言之,表象多于深层,定量大于定性。虽然在每种人格类型中,病态与整合程度差异的范围大有不同——从精神病到神经症,再到通往圣人境界的不同进化阶段(一种自我超越的状态)——它们都被涵盖在内,但同样明显的是,人格类型中"理智"或"正常"的构成部分多多少少都残留了某种病态在内。再深入一步思考,人的健康和病态之间的区别并不在于是否存在神经质动机

（即罪），而在于一个人身上拥有多少超越于此的东西，或者说一个人在多大程度上是自己房子的主人而非自己境况的奴隶。因此，即使在高度自我实现的情况下，我们依然可以看到他们显示出了某种童年境况的残留物——只是这些性格特质已经变得有益，而不是构成障碍。

如今，公众对于有关九型人格的书籍产生了越来越多的兴趣，但仍然有些人批评其过于坚持病态的倾向——在我看来，这种抗议通常反映出对自我质疑的抵触，以及对愉快、无关痛痒、轻松获取信息方式的偏好。这是我们这个时代的典型特征，它违抗了基督教文化中关于罪的传统坚定主张。出于这个原因，我不会做出任何努力去取悦那些可能想要以占星学书籍的习惯风格来呈现性格类型的读者，那些书籍会提到每个行星或星座的有利或不利相位。

人格，就其作为我们童年策略的残留物而言（为了在有所匮乏的世界中获得一种无法自然触及我们的爱），是非常重要的起调节作用的一种形式。显然，虚荣型对外表的关注可能是一种使他们成为理想的室内装饰设计师的特征，而怠惰型对于例行公事的容忍度则使他们成了值得信赖的管理者。然而，这些行为对个体的价值远远不及认识到它们的局限性和受条件限制的本质，以及它们是如何寄生于人格中的；如果更好地认识到这点，那么它们对个体生活的操控力量就会减弱。正如葛吉夫所说，当一台机器认识到自己,它就会对自己的行为负责,也就不能再被称作机器。

在上一章中,我们已经开始讨论激情的九型图,作为一套系列,它共存于每个人心智中的内在状态里面,但我们最终还是要将九型图作为一张组织地图,罗列出科学界公认的病理学。在本章中,我们继续把九型图作为人类类型领域的组织图——它比简单的列举有着明显的优势,因为这种性格学的组织模型指示出了圆环上各点与其相邻点的关系,以及内部连线端点间的联系。虽然我不打算在此处详细讨论这个问题①,但我需要请大家注意其中的一些关系:首先是九种性格被分成了三个三元组,对应九型图中每个"角"的区域。

九型图中的对称性与极性

当我们不考虑具体个体,而是只考虑人类类型时,很明显就可以在九型图的三个顶角区域看到型号的家族气氛:我们可以说,有一组歇斯底里的性格,有一组精神分裂症的性格,以及有另一组僵化或反内在感受(anti-intraceptive)的性格。[我没有使用反

---

① 我在《性格和神经症:整合的观点》一书中提出了这个主题。(Gateways/IDHHB, Inc. 1994.)

内倾（anti-introverted）这个说法，因为它并不意味着社交内倾的对立面，而是与内在性或心智内在的关注——也就是学术中所说的内省作用（intraception）——相对立。]九型图顶端（1、8、9）呈现的三种性格特点是：他们对生活体验的微妙世界不感兴趣，这种"不向内性"与主动的外倾性密切相关。相比之下，戏剧化和社交外倾的性格位于右侧角区域（2、3、4），而左侧角区域（5、6、7）包括了一组内倾性格——尽管在第七型中，表面的交际能力补偿了其根本的内倾性。

九型图左右两侧的对称性不仅表示出社交内倾—外倾，也代表了叛逆—诱惑的两极性。右侧更倾向于合群与社会化，而左侧更反社会。这与艾森克（Eysenk）研究的歇斯底里和精神变态极性相同。

九型图的上半部分和下半部分之间也存在着极性。我们可以根据内省性或内在意识的程度，将之分为坚硬的心和柔软的心这两个极性。从特征上看，九型图的下半部分是"精神贫乏"的区域，即那些对其存在核心感到匮乏的人。在相反的方向（上半部分）上，则是那些对内心的痛苦充耳不闻的人，因此他们能体会到更多的满足感。相比之下，第四型和第五型（位于九型图的下方底部）在精神分析中屡屡见到，即边缘型人格和分裂样人格。可以说，这些就是"边缘"了，并且是最成问题的。或者更准确地说，被问题缠身，这与第八、九、一型形成了鲜明的对比，他们隐秘的问题在于觉得自己没有问题。这些被科学界视为病态的人格案例，有助于说明它们之间等价性的理论表述。"精神贫乏"（这个词在原始的阿拉姆语中的字面意思是"被孤立者"）是指那些非常激烈地探寻的人——但凡探寻的人，就会找到。

因此，九型人格图在排列上呈现出了社交内倾与外倾的对称性，以及内省性或内在性与反内省或拒绝内在性这两个极性。

但是，由于构成中心三角形每两侧的三对可能的组合比例会不同，情况就变得稍微复杂了一些。因此，举例来说，我们会发现被我们认为是第七型的性格虽然有隐秘的内倾，但他们明显是过度外向或狂躁的；而第一型，对自己的无知熟视无睹，却相信自己是内倾型的。

我现在将更详细地解释每种性格如何通过其行为来表现型号的主导激情和明显的视角错误——这涉及了认知方面或者是被过度重视的人际策略方面，对他人的世界甚至对自己的世界之错误定位。对于每一种人类类型的原型分析（九型人格），我会根据其主要个性特征来进行描述，并补充下列一项思考：个体为了自我防御而不再去觉知世界的特定方式。我将引用最古老的经典对性格的描述：泰奥弗拉斯托斯（古希腊哲学家、自然科学家）——亚里士多德的继承者，在他一百岁的时候，他仍然认为这个主题足够有趣，并且依旧专注于此。

然而，作为对泰奥弗拉斯托斯学识的补充，我将回溯一些流行的幽默观察：喜剧艺术（Commedia dell'Arte）文化运动中的古老意大利夸张漫画，包括一些以笑话或卡通形式流传的当代漫画，它们都是含蓄的、非专业的对心理微妙性的证明。

让我们从骄傲开始，向格里高利和但丁的传统致敬。

第二型：骄傲

选择把骄傲放在第一位无疑符合了骄傲性格对被关注和区别对待的渴望。此外，我认为古代灵性导师对这种激情重要性的强调是很有智慧的策略。骄傲和饕餮一样，通过一种放纵的性格而表现出来，比其他人更不容易感到有错。然而，如果没有获得帮助来使他们变得有所觉知，没有人指出他们逃避不愉快和缺乏自我批评，骄傲型很难在灵性上取得进步，因为这种缺乏自我批评意味着主体感到自己更优越、更伟大、更值得尊敬、更重要。然而，在他们内心深处对爱有着强烈的需要，他们的整个生活都围绕着这种通过对现实的篡改而获得爱的需求。这就是他们膨胀的自我形象所要求的。

虽然骄傲是一种自视优于真实自我的激情，但应该澄清的是，这种优越感通常并不表现为傲慢，也很可能不会被人注意到。那些"真正"自视甚高的人，他们的自满会散发出来，周围的人立刻就会感受到，而无需通过表演或美德行为来彰显自己的品质。他们对自己的功绩深信不疑，他们并不认为自己有必要说服他人，甚至无须说服自己；相反，他们陶醉于这种自我膨胀的结果：幸福感。当大多数人因与理想存在距离而痛苦时，骄傲型的人却把自己误认为是理想的，并自我陶醉。

然而，就像愤怒型的性格一样，这类性格也不是"美德化"的理想。他们的美德不是纪律的美德，也不是自我控制的美德，而是最高级的爱的能力的美德。尽管是自发的，骄傲的人感到自己充满了爱，觉得自己是一个"伟大"的人，能够给予他人，也值得从他人那里得到最好的。

他们是"真正"有爱的人；只有当走上自我认识的道路时，他们才会发现这种爱从根本上来说是一种角色，他们将之误认为是现实。可以说，这个人的内心深处并不是本身爱对方，而是爱感受自己能够爱的能力，并且就此成了一个完整的人，一个值得被爱的人。无论他们的爱在他人看来有多么明显的诱惑性，他们自己都很难看到这一点。我们不要忘记，在九型图上，骄傲型紧挨着说谎、仿冒、自我伪造。试图让他们理解自己一直以来把自导自演的电影当作现实生活是格外复杂的，毕竟他们那有爱的、愉悦的善举和富有同情心的行为给他们带来了如此多的积极反馈。

和其他那些由于生活的艰辛而被迫质疑自己的性格相反，相较于那些以更具竞争性的优越感的姿态来面对世界的型号，例如九型图上邻近它的两翼，骄傲型的性格并不会像他们一样遇到那么多的挑战。

世人都知道骄傲者的把戏，正如"红颜祸水"一词所揭示的那样，这个词被用来指代某些非常具有吸引力的女人。而词中潜在的含义是说，一个人的魅力对她来说是好事，但对那些"屈服"于她的人来说却不尽然。"吸血鬼"也有类似的意思。

爱弥尔·左拉在《娜娜》中对这一性格做出了经典的诠释——一个毁掉了自身高贵的美丽妓女，迷失的情人；另一个经典是卡门，她不可抗拒，充满活力，极具挑逗性。

尽管泰奥弗拉斯托斯没有在他的作品集[①]中收录一个他称之为"傲慢"[②]的性格，但他收录了"好自夸者"[③]。根据他的说法，这类性格的行为倾向于强迫性说谎。精神病学所称的"虚构症"与表演型人格障碍有关。

"自夸看上去是一种虚构发明出来的但实际上并不存在的品

---

① 本书西班牙语原版中关于泰奥弗拉斯托斯的材料收录在我的《性格与神经症：整合的观点》一书中，并由伊尔玛·佩雷斯翻译成西班牙语。相关注释由她所注。
② 傲慢的人更合适的例子是阳具自恋者（第八型），而不是骄傲型。
③ 根据西班牙语版的《人物志》（马德里：Gredos 出版社，1988），好自夸的人被描述为对伟岸的狂热。（西班牙语版译者注）

质。"泰奥弗拉斯托斯一开始就把这种自夸说成一种在他人面前展现的伟岸形象，而不仅仅是为了彰显尊严。他告诉我们，当自夸者"在集市上和陌生人说起他在海上投了一大笔钱，并告知他们这笔钱款是多么大的生意，诉说他的损失和利润；他一边夸夸其谈，一边派他的奴隶去银行存入一笔荒谬金额的钱"时，他的谎言就变得显而易见。

虽然奉承本身也是九型中第七型和第三型的面向之一，而我们在泰奥弗拉斯托斯的描述中找到了严格对应于词义上的奉承，因此，我们可以将其认作第二型的案例。（有趣的是，在泰奥弗拉斯托斯著作的大多数版本中，正是这个奉承者的形象占据了首位。）

引用他的文字：

奉承者是这样一种人，他能够对与他一起散步的人说："你注意到人们是怎么看待你的吗？在雅典除了你以外没人会遇到这种事。昨天他们在门廊下歌颂你。有三十多个人坐在那里，当问到谁是最有价值的人时，从头到尾，在场每个人说的都是你的名字。"当他继续说这些客套话时，他从你的长袍上拿掉一根线头，如果一片草叶被风吹到你的头发上，他会把它拨开，同时微笑着补充说："你看到了吗？我两天没见到你了，你的胡子都白了，而你的头发却比任何人都要黑亮。"这个人一开口说话，奉承者就让其他人安静下来，倾听对方说话时他频频点头，当对方停止说话的时候，他便惊呼道："太了不起了。"

在这个形象中，我们可以观察到一种微妙而含蓄的奉承形式，不同于简单地肯定他人的价值。对方的骄傲感也会通过尊敬、关怀和仰慕的表现，以及受他人奉承而来的兴奋间接地得到满足。泰奥弗拉斯托斯的描述也在提醒我们注意，奉承者的行为中有某种慷慨：

不用说，他也很有能力，就好像他是一个奴隶，在妇女市场购物，甚至没有停下来喘口气……他询问主人冷不冷，不等对方开口，他就用斗篷把主人裹得暖暖的。

在最后一句话中，它暗示了这种所谓的慷慨关心可能在尊重他人愿望方面有所侵犯和分寸不当——这种特质在诸如"不合时宜的"性格和"干预者"[①]这类性格的表述中会有更深入的讨论。关于后者，他指出：

干预似乎是一种过分好意的性情，无论是在言辞方面还是在行为方面。干预者是那种站起身来许下诺言却不会兑现的人……他坚持要奴隶调制出多到令客人喝不完的酒……他充当向导指出一条捷径，然后找不到他想去的地方……他同样会在高级军官面前冒出来，询问何时决定开始战斗以及后天的口令是什么……在

---

① "爱管闲事"的人就是上述所引用的《人物志》西班牙版本中的"干预者"的性格。（西班牙版译者注）

一位刚离世不久的女士的墓前，他要刻上她丈夫、父亲、母亲、去世女士本人的名字以及出生日期。仿佛这还不够，他还要求刻上他们都是体面的人。

在最后的这个形象中，泰奥弗拉斯托斯给了我们一个漫画人物，他用夸张的、不必要的、侵入性的方式来显示尊敬。

骄傲的性格在喜剧艺术中被漫画化为科伦比娜的"面具"。卡拉·波埃西奥（Carla Poesio）在她的书《认识意大利面具》（*Conoscere le maschere italiane*）①中告诉我们：科伦比娜是打扫房子的人吗？还是一个喜欢玩灰尘的少女？这可不好回答。她是一个女仆，是的，但她像公主一样优雅和精致。这位美丽的女孩手里的掸帚就像珍贵的瓷器。她以小碎步舞蹈般地走动着，在每面镜子和每扇玻璃窗面前整理她的小帽子和卷发。除了擦拭家具和画作之外，她脑子里无所不有……她活泼、充满活力，讨人喜欢。她肯定不会是一个出色的管家，但作为补偿，她聪明伶俐、能言善辩，就像其他仆人一样——就像阿莱基诺（Arlecchino）和布里盖拉（Brighella）在他们的时代一样。她是一个永远不会垂头丧气的女孩，她不仅能说会道地谈论星星、微笑和相貌，她还知道如何傲慢地面对一个过于严厉的主人。

---

① 佛罗伦萨：Primavera 出版社，1982.

第二章
九种基本性格的圆环

科伦比娜
插图：乔治·桑松，©春天出版社，佛罗伦萨

表演型性格中的防御机制就是所谓纯粹而简单的"压抑"，尽管它的全名并不是那么简单：弗洛伊德认为这是"对本能所代表的观念的压抑"。简而言之，虽然这类人看起来有感受和表达自己情感的自由，但实际上并不允许自己认识到他们的真实感受。当然，我们可以说，他们不想为此承担责任，但是，正如萨特（Sartre）曾经在他对弗洛伊德的批判中十分恰当地评论道，恶意和无意识之间的界限是神秘的。

第七型：饕餮

对饕餮的人而言，吃的快乐在他们的表现中肯定是最不重要的，甚至可能被过度关注灵性食谱所掩盖，这是因为这类性格对自己的饕餮无意识地感到内疚，并为此感到难过（他们想要成为特别纯洁的人）。在我看来，在如今的世界上，那些认为"我们吃什么，我们就是什么"的人中大多数就是这个类型的，他们偏爱延年益寿的饮食或素食，也更普遍地偏好天然药物。

饕餮这种"追求更多更好"的激情在人际关系中表现出一种渴望被人喜欢、受人欢迎、得到别人钦佩的普遍形式。通常，饕餮型的男性会崇拜他的母亲，他的生活——就像费里尼（Fellini）的电影《八部半》——围绕着一个理想化的女性形象旋转，她代表了所有快乐和美好事物的开始和结束。然而智性上的饕餮同样重要，它使得这类性格成为最具好奇心的类型，他们的好奇心既体现在从具象世界中寻找新视野和新奇体验，也包括在思想世界中的抽象探索。未知领域的知识，伴随着所有的神秘和异国情调，对这类性格的人充满了吸引力。

在谈到比饕餮更基本的缺陷时，伊察索将这种类型的人格描述为"江湖骗子"。当然，这类人说起话来滔滔不绝，他们的滔滔不绝既展现出了特殊的学识，同时也让他人"缠绕"进他们的想法、计划和愿望里。滔滔不绝主要是为了他们的饕餮服务——也就是说，它需要通过巧言善辩来获得他们所欲求的对象。当问题将要超越环境的限制时，巧言善辩就变得尤其重要。

他们都是"厚脸皮"的性格，通过他们讨人欢喜和精巧的理由而得到自己想要的东西。但是，健谈不仅是因为他们有个好头脑，更主要的是他们有着令人着迷的能力——这不仅需要智慧和机敏，还需要表现出一定程度的幸福和喜乐，没有这些，这类人便无法维持他们的优势地位，以及给予建议的能力。为了取得这种程度的幸福感，很自然地他们就不得不欺骗自己——毕竟痛苦和冲突的程度在任何性格中都没有本质上的高低之分——在这种自我欺骗中，汇集了各种对保持迷人的外在呈现和饕餮本身的需求，因为比取悦的欲望更重要的是避免这种由享乐主义带来的痛苦。

饕餮的性格在九型图上介于怯懦型和纵欲型之间，可以把它描述为戴着面具的懦弱，他们在享乐中寻求庇护，以逃避焦虑。同时，也可以把它理解为一种缓和了的纵欲形式，在这里，更多的激烈性不再是以疼痛为代价的——那是第八型的罪——反而是有更多的甜蜜。这不是那种"摩托车和摇滚乐"式的享乐主义，而是追求愉悦和避免不合心意的享乐主义。饕餮型也有纵欲型的叛逆特点，但不是公开、直接的叛逆，而是间接和微妙的叛逆，因此对他们来说，更合适的词是：反传统主义。这类性格的人蔑视习俗，总是被不同寻常以及改革创新所吸引。

也许北美精神病学和 DSM-III 中的"自恋者"的最显著特征是拥有良好的自我形象,以及感觉到自己因特殊天赋而有优越感,这当然适用于第七型。尽管他们为自己投射出一个良好的形象,而且比其他类型的人更能感受到幸福,但我们可以说,这是一场对世界和他们自己的持续性自我鼓吹运动的结果,作为一种平衡,以抵消同样进入意识中的不安全感。也许这就是他们为什么要努力给别人留下良好印象的动机,并非出自傲慢、妄自尊大或者普遍性的自我优越感,反而是出于一个坚持平等主义态度的友好的人期望得到特别的认可,不仅仅是因为自己的才华,也因为自己的谦逊以及能与人们情同手足的友好性情。

在这类性格中非常明显的是存在一种被称为"合理化"的防御机制,这是指将自己的行为归因于一种有别于真实动机,但更受社会赞赏或接受的动机——表现出慷慨和乐于助人的一面,但本质上是在否定饕餮和投机取巧的面向。埃利亚斯·卡内蒂(Elias Canetti)[①]在描述这种性格类型时说:"他们甚至不允许你给他们泡一杯咖啡。"

尚未提到的是这类性格还有一个重要的特质:幽默。这些话匣子不仅妙语连篇,还很能逗乐,也会自我消遣:他们知道如何自嘲(从而使自己远离真实的情感),他们也知道如何消遣和逗乐

---

① 埃利亚斯·卡内蒂.《耳证人:五十种性格》.慕尼黑:卡尔·汉瑟出版社,1979 年.

他人，以这种方式保护自己不会被完全认真地对待。

当我们带着对性格的观察去审视经典著作时，我们会发现，在泰奥弗拉斯托斯的著作中，对饕餮性格的描绘是以"喋喋不休"的名义出现的。在定义喋喋不休时，泰奥弗拉斯托斯别有意味地使用了一个特殊的词来描述这种性格类型：失禁——"言语失禁"的意思。他形容这种类型是一个持续不停地说话，不给予你一分钟安宁的人。

当他让一些人无言以对时，他就成了那个随后对团体发言的人，他还特意分散那些聚在一起讨论某个话题的人们的注意力。他跑到教室里或去学校玩摔跤，打扰正在上课的学生，与他们的老师和教练闲聊。

显然，泰奥弗拉斯托斯带给我们的形象是一个不仅话多，而且非常需要接触，具有自恋倾向，并且与他人交往时不太得体的人。

"他的废话妨碍了审判的进行，妨碍了剧院里精彩表演时的静默，妨碍了人们安心地吃晚饭。"

由于他的喋喋不休，这类人很难倾听，但他承认自己的缺陷，并接受别人的批评。这就好像是在表现出友好的同时，他希望受害者也能表现出同样的屈尊俯就，就像他纵容自己那样。

我们在泰奥弗拉斯托斯的"新闻贩子"的侧写中也发现了这类话匣子。如今，我们看到的新闻贩子是那些了解最新八卦或最新学术出版物的人。因此，他们能够提供信息，以换取倾听的耳朵。我们从中可以看出他们对于接触、关注和欣赏的饕餮是如何借由言语的形式达成的。

很明显，在喜剧艺术的时代，这种类型的人是众所周知的，我们可以在阿蕾奇诺（Arlecchino）这个可爱的形象中看到他。卡拉·波埃西奥在她《认识意大利面具》的书中这样描述该类性格："我是阿蕾奇诺·巴托西奥（Arlecchino Batocio），来自贝加莫（Bergamo），是我主人最卑微的仆人。"在矮桌下的这个小东西是谁？他好像是橡胶做的，蹦蹦跳跳地用单脚尖旋转着说话。他戴着一个皮面具，为眼睛留了两个小洞。他当然不英俊，简直是英俊的反面。他很可怕吗？不！你看他那滑稽的动作，那鹦鹉学舌般的声音，那活灵活现的表情，夹杂着从嘴里冒出来的废话……你不知道他是真的有点傻还只是装傻，他挑起的麻烦都是没有恶意的，到头来他是所有人中最纠结的。他没有太多工作的欲望，只有一点点，他是一个临时工，从来也没有找到过一个对他满意的雇主。他得到的工钱往往只有土豆和棍棒。至于他是否应该得到这些，那就是问题所在了。他坚持说："不是我的错，我又不知道。"他还告诉所有愿意听他说话的人，他上学的时候发生了一桩奇特的事故：一头牛津津有味地吃掉了他的书。"我怎么能打断这么丰盛的一餐呢？我没有勇气。我任由那头牛把拼音书、乘法表和其他所有学科的资料都啃了个精光，一直吃到最后一页。"从那天起,可怜的阿蕾奇诺就再也不能学习了。这可能不是一个好借口,但这个故事对阿蕾奇诺自己很管用,他自己也是第一个相信这故事的人……他有一样东西从未缺少过:饥饿。他总是觉得饿。当他终于要填饱肚子里那个他觉得已经持续了数天、数周、数月的巨大空洞时,一百次中有九十次总有什么东西挡在他和他的餐点之间。现在,他做起了梦。他的名字阿蕾奇诺,源自意大利语单词 lecchare(舔舐),指的是饥饿和饕餮。[最开始他可能被称为蕾奇诺(Lecchino),后来才变成了阿蕾奇诺。]

阿蕾奇诺
插图:乔治·桑松,©春天出版社,佛罗伦萨

第四型：嫉妒

我已经解释过，第四型和第五型位于九型图的底部，与第九型相对。我把它们描述为最敏感的性格，这种由匮乏感占主导地位的性格，与过度满足的性格——那些压抑自己的匮乏感并与自己的需求断开连接的性格形成了鲜明的对比。

第四型（四号）介于三号和五号之间。在匮乏感这方面和五号非常相像，和三号的类似之处可以通过将其视作虚荣的挫败形式来理解：这个类型的人倾向于自责或贬低自己。与五号相比，五号更理智化，四号更情绪化；五号在能量和参与性上有所保留，不依附于人，而四号则依附于人。

根据该隐（亚当之子，弑兄者）的原型，这类性格会以一种"奚落"的方式去表达嫉妒，他强烈地憎恨任何拥有他所缺乏的东西的人——富人、男性、特权阶层。但是也存在着羡慕形式的嫉妒，这种嫉妒会让四号用一种自我苛求的欲望来鞭策自己，去达成他自认为有所欠缺的社会价值或模范。

关于受虐狂的性格，我已经解释过，执着于受苦的概念是这类性格的根本缺陷。这种执着可以被解释为受苦的一种操纵功能。一方面，他们用来吸引爱的策略是通过激烈化自己的需求和挫折，他们说："不会哭的孩子没奶吃"。另一方面，他们又把自己放在受害者的角色中，通过使另一个人感到内疚来满足受挫的要求。比如："看看我因为你而遭受的痛苦,以人道和礼仪之名,你应该明白你欠我些什么。"受害者的痛苦也可以理解为一种仇恨的转化——仇恨变成了表面上的宽恕,而与此同时,他们站在了牺牲者的立场上"摧毁"对方。精神分析在谈到他人如何成为"坏客体"时,就描述了这种方式。

梅兰妮·克莱因不仅把嫉妒归属为吃奶的孩子的特性,还认为它通过幻想来应对挫折,即通过把"好客体"——母亲的乳房——变成一个充满排泄物的"坏客体"来达成。不论这种"投射认同"是否存在于吃奶的孩子身上,抑或它是否属于彼得弗兰(Peterfreund)[①]在批评同事时对早期童年的"成人化"解释之一,它仍不失为一个很好的关于贬低的隐喻:从因为受挫而指责,变成了成年受虐狂。

嫉妒型另一个典型的防御机制是"将矛头指向自己"【被皮尔斯(Perls)重新发现,并在完形疗法的词汇中称为"回射"】。它特别适用于转变成自我攻击的无意识攻击性。没有任何其他类型的人会如此普遍地自责、自我憎恨和自我毁灭。

第三种典型的防御机制是向内投射。在性格学上的受虐狂与向内投射非常接近,可以理解为一种慢性自我毒害,是(在过度的贪婪中)吞下了一个"坏客体"的结果。这种情况是很典型的

[①] 《国际精神分析杂志》.1978, 59:427-441.

那种内在住着一个拒绝型的母亲的人。在对爱的渴望中，他们似乎已经屈服于"吞噬"另一个人就会产生更大的满足感的无意识幻想，但其实只会发生与之相反的情况。

虽然泰奥弗拉斯托斯对被命名为嫉妒型的人并没有一个具体的描绘，但从他的"发牢骚的人"[①]的性格中不难识别出这个型号，正如我们将要看到的，他也是一个悲观主义者。

如果一个朋友从宴会上给他送来一份食物，他会告诉这个人："我想你的主人认为我不配喝他的汤和酒，因为他没有邀请我参加宴席。"当他的爱人连连亲吻他时，他说："我觉得很奇怪，你竟然全心全意地爱着我。"如果他因为与卖主讨价还价而以一个好价钱买到一个奴隶时，他会对自己说："如果他的样子很好看，那么我会十分惊讶，毕竟是个便宜货。"

在喜剧艺术中，四号是佩卓力诺（Pedrolino）——悲伤、患相思病的小丑，也就是那位更为我们所熟知的法国狂人皮埃罗（Pierrot）。威廉·史塔克（William Steig）[②]在他的书《被拒绝的情人》（*Rejected Lovers*）中塑造了一个绝望的音乐家——一个感到自己正在坠入深渊，带着被抛弃的殷切表情喊着"妈妈"的角色。

---

① 根据所引用的版本，这个角色被描述为"对自己的位置不满意"。（西班牙语版译者注）
② 威廉·史塔克，阿尔弗雷德·A. 克诺夫.《被拒绝的情人》.纽约：多佛出版公司，1973.

有关他们对受苦的执着以及利用这种执着来吸引注意力的深刻观察在一则笑话中反映了出来：有一位女士在夜间的火车上间歇地抱怨："哦，我太渴了！"过了一段时间，一个无法入睡的人起床给她倒了一杯水。沉默了一会儿，乘客们刚松了口气，但随后就听到："我刚才真是太渴了啊！"

第五型：贪婪

第五型的个体似乎都是在生命的开始阶段就已经得出结论：这个世界并不会给予他们所渴望的爱，他们决定自己解决问题，尽量减少他们的欲望。他们让自己与世界保持距离——那个向他们索取大于给予的世界，那个在他们的道路上平添更多障碍而不是帮助他们的世界，在一定程度上"抹除"了他们，遗忘了他们。就像赫尔曼·黑塞笔下的悉达多，他们似乎对自己说："我知道如何等待，我知道如何禁食，我知道如何思考。"

在下面这幅漫画中，基诺富有表现力地描述了贪婪所带来的听天由命的自我否定，在这幅漫画中，周围空间的空虚成了情感贫困的隐喻。

虽然有些激情会过于强烈地靠近他人，但在这个型号中，我们看到的是一种远离他人的运作。卡伦·霍妮说得很对：远离他人的人既不会通过一种挑逗或诱惑的姿态靠近他人，也不会对抗他人；在这两种倾向——爱和侵略——之间的冲突中，他们最终选择离开了战场。这个型号既不温暖也不热切，而是很冷漠；然而，寻求这种隔离和独处，不想被干涉，不想被入侵以及不想服从要求的愿望，变成了一种激情。其他人在自身之外寻找的东西，他们会在自身之内寻找，或者在人际世界之外的——在象征性的、抽象的或超自然的世界中去寻找。

这类性格不仅处于距离恐惧型很近的位置，而且它有这样一种形式：害怕到头来终究是一场空，一无所获，无能为力。它意味着一种面对生命的无力和被动性。

它也与嫉妒型相邻，可以说这类性格的人同样也体验到了匮乏感；但这是一种被恐惧麻痹的嫉妒，相比于去接近所欲求的对象，取而代之的却是放弃那些令他感到无法得到的东西。

在精神分析中，已经有很多人谈到精神分裂症人群如何通过幻想自己的重要性是不可接受的、与生活不相容的，以及他们的贪婪和依赖会导致他们"吞噬"他人，以此断开自己对他人的需求。被吞噬的恐惧也同样存在：他们因自己的需求将对方置于利用自己的位置上，尽管这的确是事实。当他们进入一段依存关系时，他们会过度地适应对方，以至于他们忘记了自己的需求，需要在独处中重新与内心世界建立连接。于是，弃绝就会在认为欲望太多了的思想中升起。这类性格的一部分粉饰就是对自己说："值得付出努力吗？值得坚持下去吗？"激烈程度伴随着绝望而减少。弃绝意味着冷漠。而这个"值得吗？"的疑问与他们对世界的看法有关。在他们看来，他们不会找到任何令人非常满意的东西。他们预料到了会失望，就像他们小时候那样。

可以说，通过这种方式，一种恶性循环已经建立了起来：对贪婪的禁止给他们带来了激烈性，这种激烈反过来又导致了对贪婪的否定。贪婪的禁忌滋生了贪婪，贪婪反过来又刺激了自己对无欲无求的禁令。其结果是一种愧疚的利己主义，既不要求任何东西，也不接受自己秘密渴望的东西由他人给予。类似的情况也发生在对隐私的渴望上：这是关于归咎于谁的复杂问题。其结果是，为了隐藏它不让别人知道，这个人最终不得不忘记自己的秘密。

除了抗拒给予之外，不把自己交出去也是这类性格典型的"保留"，其表现为对于自己正在做的事情只投入一半的精力，或者在参与事情的同时自问"是不是把自己的精力保留着做别的事情会更好"。他们同样也抗拒表达自己，特别是在情感交流方面。做出承诺是困难的，原因在于他们对有效利用能量的愿望，以便更好地投入他们的精力。结果，贪婪型的人仅仅是一个生活的观察者，而几乎不去生活，浪费了机会和天赋。

这类性格的典型防御机制是弗洛伊德所说的"隔离"，意思是将头脑中的某些内容与其他内容分开，以及将思想和情感区分开来或分离。其结果是他们具有良好的分析能力，以及难以看到情况的全部面向和它们的含义。

在将吝啬定义为"在开支方面缺乏慷慨"之后，泰奥弗拉斯托斯用以下方式描绘了吝啬型的人：当在集会上为国家征集自愿捐款时，他默默地站起来，从集会上消失了……在纪念缪斯女神的宴会上，为了不付出任何钱财，他以生病为借口阻止孩子们上学。他把自己在市场上买的肉带回家，把蔬菜放在长袍的褶里。当该洗斗篷的时候，他就待在家里。

这种最严格的厉行节约的形象，比可能会被认为是先验的想法更为复杂一些。因为它表明了这种吝啬型不仅仅是指不消费的欲望以及为了贪婪而牺牲个人欲望，而且还否定了他人的需要和欲望。由于这种联系，"吝啬"一词不仅指节约，更具体地说，是指如泰奥弗拉斯托斯所定义的，在开支上缺乏慷慨。

作为与吝啬的区别，泰奥弗拉斯托斯谈到贪婪是"追求肮脏利益的欲望"，并做出了一个性格学上的描绘，在这个描绘中，除了这些吝啬的特征之外，还会发现这种类型贪婪的面向（简而言之，表现为漠不关心和弃绝）：有这种缺陷的人会在他组织的宴会上提供不足量的面包，并向他在家里接待的客人借钱……如果他售卖酒水，即便是卖给朋友，他也会把水混进去。他会在免入场费的那天带着孩子去剧院……他让仆人背负过多的重量，更糟糕的是，他比其他主人提供的食物更少。如果他认为他的一个朋友买到了便宜的东西，他就从朋友那里买下来，然后再转卖获利。

在喜剧艺术的人物中，最能唤起这类性格的是一个似乎走路时脚不着地的人：斯坦泰罗（Stenterello）。街上的姑娘们嘲笑他心不在焉，嘲笑他的衣着，嘲笑他的外表。他的夹克上覆盖着奇怪的文字和符号，表明他对魔法和神秘知识感兴趣。他的名字暗示了他的贫穷，与之相随的是他的不谙世事。

费弗（Pfeifer）的一个故事阐明了第五型隐藏欲望的特征是如何喂养被动性的。他呈现了这样一个对象，他解释说："我住在一个贝壳里,贝壳在墙里,在堡垒里,在隧道里,在海底。我在这里很安全,很安静。安全,你伤害不到我。宁静,你不会打扰到我。"一个女人划着船从上方经过,他继续说:"如果你真的爱我,你会找到我的。"

到目前为止,我们已经谈及了两种轻快的、迷人的性格和两种不满意的、问题重重的性格。我们现在要讨论第三组——其中包括第一型(愤怒型)和第八型(纵欲型)——它们由两种攻击性特征组成:一种接受攻击性(第八型),另一种否定攻击性(第一型)。

第一型和第八型都是专横的,被一种要去征服的欲望所驱使。但是,第八型所采取的是一种反社会的立场,因此对社会规范的反叛获得了一种积极的价值,而第一型的攻击性则被合理化了。

第八型:纵欲

受限于最低限度的强烈性欲并非造成八号过度特征的唯一因素。消费能量,对强烈刺激的喜好,受暴力和风险的吸引,倾泻而出的热情,这些都构成了纵欲型的不同表达。除了激烈之外,纵欲型也是强势的人,好像强势对他们而言也是一种激烈的形式:一面盾牌,使得他们能够接受最强烈的打击。

激烈性和强硬似乎是对立的。激烈意味着生命,而强硬是死亡的一种形式。虽然它们可能是对立的，然而它们共存的事实却揭示了一种亲密的关联：性格中激烈的、"酒神式"的面向可以被理解为对隐秘的不敏感过度的补偿。八号强大的生命活力是一种激情的表达，是一个饱受精神麻木之苦的人活着的证明。与此同时，通过享乐和权力来寻求激烈性反而导致了敏感度降低——因为胜利是要求自己不能脆弱，对于由自己的满足而给他人带来的后果并不敏感。

伊察索将八号的"固着"命名为"报复"，这与卡伦·霍妮在她对进攻型胜利者的描述中所强调的相一致。但是，我们在这里讨论的报复，决不能与这个词通常让我们联想到的那种报复相混淆：它不是指因为昨天发生的事情而在今天进行报复，而是指以攻击性回应攻击性的人的瞬间报复，以及对童年遭受的痛苦境遇的持续性的长期报复。正是因为原先的挫折以及童年时的软弱和相对无能联系在了一起，他们的主要策略便也随之成了誓要夺取权力：必须主宰局面，处于高位，展示力量。这是一种恃强凌弱的策略，一种依靠武力的策略。

反恐惧症性格寻求的是一种以持续性指责为基础的权威性力量，而在八号这里我们面对的是一种能够有所作为的力量，这是建立在持续性威胁的基础上的。第六型的倾向最大化后是自大狂，其结果是个体最终成为强大的巨人，而八号对力量的焦虑最大化后则是犯罪式的虐待。

在我的《九型：型号结构》(*Ennea: type Structures*)①一书中，我用了"来势汹汹"这个词，比较形象化地描述了这类性格，它暗示了一种压倒一切的扩张感。这个观念的灵感来自一幅漫画，漫画中的一个女孩让她的男朋友从椅子上摔了下来，却没有意识到是怎么回事。

这类性格是那些横行霸道的人，他们大多数的时候都没有意识到自己在这样做。他们只是很早就学会了，要得到东西就必须坚持自己的主张，并着手实行。这种过分活跃的性格（在他们夸张的自主性方面）与依赖型性格的病理相去甚远，但在否定依赖性这点上也是病态的。威廉·赖希描述过一种"阳具自恋"的性格。正如这个表达所暗示的，这不仅是一个强硬和纵欲的人，而且是一个有着典型的暴露狂倾向的人。然而，这类性格对权力或优越感的展示与虚荣型有着极大的区别，因为它更多的是一种为了服务实际胜利所采取的手段，而并不是一种为了服务掌声的实际胜利。没有人会像他们那样一点也不在乎别人对他们的看法。

八号的防御机制是否定——一种对疼痛的否定和对心里不舒服的否定，我曾想将之简单地称为"脱敏"。下面这则轶事可以解释后面这个术语。在一次去墨西哥的旅行中，黎明时分，纳斯鲁丁（Nasruddin）遇到一个胸口插着匕首的男人，倒在路灯微弱光线下的一滩血泊中。他有些惊慌地问男人是不是很疼，但这硬汉

---

① 内华达：盖茨韦出版社，2004.

却回答说:"只有当我笑的时候,伙计。"

从泰奥弗拉斯托斯的《人物志》中可以看出,这种类型在公元前3世纪一定很常见,因为在这套合集中的三十种特征中,有六种描述都符合不同形式的纵欲类型,比我在其中能找到的匹配其他九型类型的描述要多得多。

他将其中一种称为"大胆的犬儒主义"[①],并将之定义为一个能够厚着脸皮挨家挨户说可耻之事的人:

> 犬儒主义的人(无耻之徒)是一种轻易发誓、名声不好、侮辱权势的人。他个性粗俗,什么事都干得出来。你可以肯定,他不介意在游行队伍中跳科尔达斯舞(córdace)[②],而且是在不戴面具,也没喝醉的情况下。

泰奥弗拉斯托斯对犬儒主义(或无耻)的定义远不及他对此的描述,因为他所描绘的性格是一个不仅对他人意见不屑一顾,甚至是想干什么就干什么,不论多么令人生厌都毫不在意的性格。他还告诉我们"他让年迈的母亲饿死",这让我们看出他缺乏人情,还有着普遍的敌意。他同样声称犬儒主义者(或无耻之徒)

---

① 在引用的西班牙语版本中,"大胆的犬儒主义"呈现出"无耻之徒"的样子,泰奥弗拉斯托斯将其定义为一种大胆,表现在应受谴责的行为和言语中。(西班牙语版译者注)

② 我引用了这个版本中出现的相同注释:"一种与喜剧起源有关的原始宗教舞蹈,以其暴力的动作和狂野放纵为特征,被许多古代作家认为是放荡和可耻的。"(西班牙语版译者注)

"因抢劫而被捕,宁愿在监狱度过人生的最好时光,也不愿待在家中",这反映出他对公众舆论和他人福祉明显地漠不关心。总之,他的性格是反社会的。

在最后一幅肖像中,我们可以发现这类性格的另一种重要特质:暴露癖,这也是八号的特征。

他会在自己周围召集一帮人,然后以用力且带着回响的声音短促地展开一场对话。①他发现公共宴会是展示他的犬儒主义(无耻)最好的场合。

泰奥弗拉斯托斯告诉我们,犬儒者(无耻之徒)"是酒馆老板,充当着皮条客或收税人",而且"他通常在酒馆、鱼贩摊和盐铺里巡视,把收税所得的利润含在嘴里"。

所有这一切都反映出泰奥弗拉斯托斯为他的另一种性格所选择的名字:"乌合之众的朋友"②。再一次,他在这里的定义并没有他字面上暗示的属性那么复杂:喜欢交往的对象是那些地位低下的人,以及被上流人士和遵守法律的人看不起的人。

他告诉我们:"'成为乌合之众的朋友'(对邪恶的喜好)简单来说,意味着一种对有违常规的事物的趋近。"他所提到的这类性格也可以描述犬儒者(无耻之徒),因为后者对事物的看法假设了

---

① 这里也可以写成:"他是那种吸引人群并用粗哑的声音大声训斥、责骂或与他们交谈的人。"(西班牙版的译者注释)
② 在引用的版本中,这里像是"对邪恶的喜好"。(西班牙语版译者注)

对日常的生活价值有着犬儒式的、愤世嫉俗的（无耻的）否定。

如果诚实的人开口说话，他就坚持认为诚实是不自然的，所有的人都是不平等的，他指责那些诚实的人。他完全平静地断言，恶人是那些摆脱了偏见的人。

在泰奥弗拉斯托斯为被压迫者辩护的观察中，我们可以看到的不仅仅是反叛和犬儒主义（无耻）。在这类性格的正义感中也暗藏着报复心理，以及某种真正的同理心，我们会有机会看到这一点（尽管我们之前看到的事实是，他对自己的母亲都没有任何同情心）。

泰奥弗拉斯托斯把缺乏顾忌说成"在获得可憎的利润面前，对名誉漠不关心"，他为我们提供了这种类型的普遍形象：虽然现在赚到了一些钱，但他明显对自己的名誉漠不关心，简而言之，就是贪。

在肖像画廊中，我们发现了这个人物的"粗糙"版：

粗俗并不难以定义，它是一种惹人厌、不友好的嘲讽……粗俗的人就是那种在体面的女性面前，撩起衣服展示自己生殖器的人……他在理发店或香水店前停下，告诉顾客他要去喝个烂醉。

最后，我们可以在"不登大雅之堂"[①]的类型中发现八号的印记。"如果询问不登大雅之堂的人：这是谁？他的回答是：别烦

---

① 这个"不登大雅之堂"的人在引用的版本中被认为是粗鲁的。（西班牙语版译者注）

我！"很明显，这里描述的人不仅不雅，而且不信任他人："那些向他表示尊敬并送他礼物的人，他会认为他们别有用心。"他也充满敌意："他无法原谅不小心弄脏了他的衣服、推了他一把或踩了他一脚的人。"

在《认识意大利面具》中，我们发现八号在布里盖拉（Brighella）——一个露天集市里的江湖骗子——身上有所体现，他的建议是谎言应该像肉丸一样：大。

在一副皮质面具之下，布里盖拉有一双明亮而恶毒的眼睛、厚嘴唇、向上翘着的八字胡，他穿着一身白色的衣服。

"如果我的衣服是白色的，"布里盖拉说，"那就意味着我完全可以随心所欲地做任何事，随心所欲地反悔。那些绿色装饰品呢？啊，那完全是另一回事了。我的顾客的欲望将永远保持绿色，也就是说：不满足。我可以做出承诺，但遵守它们就是另一回事了。"

他的名字，布里盖拉·卡维奇奥（Brighella Cavicchio），源自 briga，意思是欺骗、诡计、不太清晰的东西，这也让人想起了强盗（Brigand）的前两个音节。他是从 14 世纪流传下来的人物，来自以民风狡诈闻名的上贝加莫（Upper Bergamo）；而在下贝加莫，则是一些淳朴善良的人，他们更像阿蕾奇诺或普尔钦奈拉（Pulcinella），虽然也会制造麻烦，但都是出于良好的意愿，可怜的家伙们只不过是想让自己摆脱困境而已。

布里盖拉的情况则不同。他以欺骗别人为乐，一肚子诡计：

布下弥天大计，再装饰得像结婚蛋糕一样。

他就是这样在市场上无耻地宣称：我有万能的护身符——完美的三角形石头，从遥远的印度收集来的，能够保护拥有它的人免受所有危险。我还准备了在二十四小时内治愈风湿病或肝病的磁性贴敷料，我为秃头制作洗发水，为寻找丈夫的年轻女性制作魔法筛选器。

布里盖拉嘲笑集会上的人，嘲笑那些坐在市场上的人，嘲笑那些容易受骗的仆人和他们年迈的主人。

布里盖拉
插图：乔治·桑松，©春天出版社，佛罗伦萨

第一型：愤怒

强迫型性格使用"反向形成"这一防御机制，即通过补偿将心理内容转化为其对立面，这意味着愤怒型的愤怒不像骄傲型的骄傲或者纵欲型的纵欲那么明显。虽然嫉妒型可能并不希望看到他们的嫉妒，从而否定嫉妒，或者那些非常害怕感到害怕的人假装无视他们的恐惧，然而完美主义性格中对愤怒的否定似乎是一种特别的形式，它无意识地呈现为指责，这就导致"愤怒"这个词反而无法描述愤怒之人展现出来的人格形态。

"愤怒"的人通常在生活中扮演着"好孩子"的角色。在当今世界里，他们往往是和平主义者。一个"愤怒"的母亲可能不喜欢她的儿子拥有战争玩具或带领士兵。她心智中的潜在攻击性正在过度补偿更明显的东西：非暴力的道德使命。完美主义性格者往往是一个道德家，即便不是，也是一个对规则、规范、善意充满了热情，追求崇高的人。没有人比他们更适合下面这句话了："通往地狱的道路是用善意铺就的。"

我有时把这类性格描述为"愤怒的美德"，这种表达既反映出这类性格激情盎然的面向，也反映出他们的"固着"或错误的人生观：除非一个人是完美的，否则就毫无价值，也不值得被爱。这导致他——一个有着如此典型的献身精神、拥护善意的人，变得过分挑剔，而且毫无情感。只能爱完美的东西，其实也是一种

第二章
九种基本性格的圆环

无法去爱的形式。

然而,维持一个"好人"的自我形象需要持续不断的善意和善行,以及将完美主义的愤怒合理化,转为以更高理想的名义进行的崇高战斗。

有些完美主义者更认同他们的理想化形象,而不是他们被诋毁的形象,因此,他们因优秀而感到优越,同时会轻视他们的同伴。"比你更圣洁"这个表达在这里很合适:它指代一种抬高自己的高贵,并以夸张的方式看待他人的平凡或未开化一面的倾向。英国人因过度倾向于认为他们是正确的,并将其他人视为野蛮人而备受讽刺,尤其是在他们的帝国时代和殖民地时期。这种变体对应于僵化的性格,他们期望整个世界都适应他们,听从他们,模仿他们的高贵榜样,可见他们认同自己理想化的自我到了何种程度。

相比之下,其他变体则会更多地批评自己,他们与被贬低的自我有着更多的接触。最让人印象深刻的是,这类第一型最明显的印象就是他们尊崇他人的优点,以及他们把自己树立为权威的倾向也大大减少,与僵化的变体形成鲜明对比。这类人的完美主义永远不会允许他们感到满意,他们永远不会觉得自己已经做得够好了,足以让自己能够心安理得。我们可以把他们描述成忧虑的个体。

当我们从宗教话语转向专门从事性格分析的作家对人类生活的观察时,我们就可以看到,在这里讨论的人格综合征从古代起就开始有研究了，只不过是没有落在我们今天所谓的"心理动力学"的意义上而已。

在泰奥弗拉斯托斯所描述的性格中，有一类他称之为"寡头政治家"的人，并且他将寡头政治定义为"渴望控制权力和财富的欲望"。这里描绘的寡头政治家比贵族式的自以为是、精致和不被认可的统治更胜一筹。泰奥弗拉斯托斯告诉我们，他会不断地使用某些特定短语和表达，映射出贵族式的情感、轻蔑和仪式感。

"我们应该聚在一起，只是我们自己，针对这些问题做出决定，避开凡夫百姓和广场上的那群人。让我们别再参与地方行政，结束这群乌合之众的称讥毁誉。这座城市的治理要么由他们来，要么由我们来……"寡头政治家从不在中午之前出门；他的斗篷披得很讲究，胡须整齐，指甲修剪得当……他们从不喜欢衣衫褴褛的人坐在自己身边。

在喜剧艺术的角色谱系中，第一型在潘塔隆（Pantalone）的身上有所体现——源自更古老的塞内克斯（senex）形象的独裁老贵族：这位惹人厌的挑剔老人自从有了罗马喜剧以来就备受讥嘲。和潘塔隆有关的故事情节强调了他对精明的仆人阿蕾奇诺和最有吸引力的女仆科伦比娜的压制性控制。插图中这个戴着匕首、留着胡须的人就是他的外在形象。

一则轶事反映出了这种迂腐和荒腔走板：一个法国人在临死前说"我死了"，或者"我自己死了"——也许这两种形式都说了。

第二章
九种基本性格的圆环

潘塔隆
插图：乔治·桑松尼，©春天出版社，佛罗伦萨

第九型：怠惰

行为懒散或心理上的懒惰同样也是灵性上的惰性。九号不仅涉及一种不想去知道、一种"鸵鸟政策"，也涉及了一种过度的稳定以及对变化的抵制。一般来说，这是一类过度适应他人欲望的人，过于自满，缺乏主动性。他们的内心状态就像是半睡半醒

069

地走来走去,半死不活的样子。这是一种没有激情、粘液质的性格,同时他们不关注自己的个人欲望而有着相匹配的快活、合群的性情。然而,在人际关系中,这是一类过度自我牺牲的人,过度顺从、被动、循规蹈矩,通常是一个简单的人,"没有问题和麻烦"——除了他对问题的过度容忍,极其难以在需要说不的时候说出"不",这也往往导致了他们成为被剥削的目标。

鉴于九号的心理生活非常简单,似乎他们要比其他型号更少说话。他们由于过度自满而忘记自己需求的倾向显然与基督教的理想相吻合——不去打扰任何人,这在当前的异常人格诊断类别中并没有明确的分类。这种类型的防御机制之一(弗洛伊德称之为"利他主义的自我推迟")因为具有社会功能,甚至被认为比其他类型的防御机制的病态程度更低。但是,九号的优势(正如位于九型图另一极的四号和五号的劣势一样)更多是表面上的,而非真正的优势。因为这类人的自动化、强迫性的利他主义并没有使他在道德上比其他人更好。实际上,可以这么说,破坏性只是在这类性格中不那么明显而已。

泰奥弗拉斯托斯在描述"迟钝的人"时,提醒我们注意到一种认知上的懒惰,这种懒惰正是第九型的特征——既有理智上的迟钝,也有灵性上的迟钝:"迟钝可以被定义为心智在言语和行动方面的迟缓。"

在他列举的例子里,有一些描述了心不在焉,还有一些反映出除了缺乏注意力,也缺乏智性上的兴趣。"如果他去剧院,他会睡着,当戏剧结束时,每个人都离开了,他还一个人留在剧院里。"这种"迟钝的人"的行为也可以被解释为缺乏文化修养,是智性上懒惰和具象化的结果,也引向了泰奥弗拉斯托斯称之为"乡下人"的另一种性格。

虽然他将"乡下人"定义为无知、缺乏礼貌,但是他所描绘的肖像暗示了一种几近封闭的心智。他强调了兴趣的狭隘性、过度的具象性以及偏向功能性的生活限制。他还含蓄地暗示,这不仅仅是简单地缺乏优雅,而是去灵性化:

他穿着比脚大一码的鞋子,说话时嗓门很大。他不信任朋友和亲戚,他把自己最重要的秘密告诉他的仆人。他在街上既不会驻足停留,也不会因为任何其他原因而四处打听;但是,当他看到一头牛、一头驴或一只公山羊时,他就会站在那里,盯着看。

在《认识意大利面具》中,可以在吉安杜亚(Gianduia)身上看到第九型的影子。卡拉·波埃西奥在她的书中解释如下:

如今有一种巧克力棒叫做吉安杜奥托(Gianduiotto),正是为纪念来自皮埃蒙特的一个老面具吉安杜亚,用吉安杜亚的孩子的名字吉安杜奥托来命名。很难找到一个比他们更愉快、更健康、更满足于自己(不太好的)命运的男孩了。也许因为农夫的身份,他的母亲贾科梅塔(Giacometta)和他的父亲吉安杜亚生出了一大个大家庭,没人知道到底有多少个吉安杜奥托。

他喜欢参观这个城市的不同旅馆，他的幽默和欢乐使得在场的人感到愉快。他长得不帅，但很讨人喜欢：胖乎乎的，黝黑的皮肤，略显天真的表情，总是很容易被人取笑。

吉安杜亚

插图：乔治·桑松尼，©春天出版社，佛罗伦萨

第三型：虚荣

目前"虚荣"一词的用法对应天主教圣像画中表现骄傲或傲慢的形象：一个女人看着镜子里的自己。但是，他们展现良好形

象的欲望并不局限于身体形象,欲求在社会上大放异彩,或者想要获得经济上的成功自然也会涉及更多的社会反响。更重要的是,想要发光发热和获得更多的成功就需要发展自身的能力,积极、务实、有效的变通与追求高效的性格也密切相关,这些都是这种人格类型的特征。

过度的虚荣意味着一种过度导向外部价值观的取向;社会价值变得更加重要,而个体则变成极具模仿性——"效仿"。此外,遵从外部模式意味着要发展出对自身的高度控制,这导致了表面化、肤浅。北美社会学家大卫·理斯曼(David Riesman)在描述这种现象时,他称之为"他人导向"(外在导向)。有意思的是,这类性格并没有出现在 DSM-III 的病例中。这也是可以理解的,毕竟这是个快乐的、外向的,让周围的人感到愉快的性格。

然而,正如我前面所解释的,埃里希·弗罗姆对这个性格的关注点在于他"市场导向"的概念。根据弗罗姆的论点,这是一个由于市场的影响而出现在现代世界里的性格,对于这点我似乎不太能够接受。显然,泰奥弗拉斯托斯是了解这种虚荣的人的。

泰奥弗拉斯托斯不仅纳入了那些为了耀眼和地位而烦恼的人,还纳入了一些更加明确具体的案例:那些更喜欢留短发,保持牙齿干净洁白的人。

引用他的文字：虚荣是对荣誉①的不恰当欲望。虚荣的人是那种被邀请进晚餐时想坐在主人旁边的人。他带儿子到德尔斐去理发。他有一个陪他散步的黑人奴隶。当他支付一个迈纳银币时他会确保用的是新币。他家里有一只驯服的白嘴鸦，他为它买了一架梯子，还定制了一个小铜墩，这样它就可以跳上台阶了。如果他献祭了一头牛，他就把牛头钉在家门口，这样全世界都能看到他献祭了一头牛……他让荣誉议会的成员向他的同胞宣布献祭结果，他也为了这个场合穿上白色束腰外衣，头上戴着花环。他爬上讲坛，宣布道："雅典人，我们元老院议员已经为众神之母的荣誉做出了应有的献祭。征兆是吉利的。"他宣布完后，回到家中再向他的妻子宣布他获得了令人难以置信的成就。他经常剪头发，并注意保持一口洁白的牙齿；他经常换衣服，即便衣服还干净完好，他也会让自己散发着上好的香水味。在广场上，他经常出现在银行家的桌边；他也经常去年轻人锻炼身体的健身房；在剧院里，他与身居要职的人物坐在一起。

他从来不会为了自己的需要而购买任何东西，但是会为了他的外国朋友买：给拜占庭人买橄榄，给基齐库斯人买斯巴达狗，给罗兹岛的人买伊米托斯的蜂蜜。这样一来，全城的人都知道了他的所作所为。

---

① 在引用的西班牙文文本中，没有使用这样肯定的表达，他表述的字面意思是"卖弄的欲望"。（西班牙语版译者注）

他拥有一个带球场的小健身房，他在城里四处邀请学者、击剑大师和音乐家去那里表演；他一定要在展览大会上迟到，这样人们就会说：他正是体育馆的主人。

虚荣型的根本缺陷是虚假、不真实，他们混淆了自己向世界展现的形象和自己的真正现实。这种虚假不仅仅是对现实的篡改，还关乎他们看待自己的一种特殊视角。与那些会夸大自己功绩的骄傲型相比，这类性格混淆的是有关价值评估的标准，这些标准都是外在的、过分具体的，也就是当小王子谈到成年人非常喜欢数字时所说的那种心智：他们会问你多大了，你赚了多少钱，然而他们从来没有想过要问你是否收集蝴蝶。

这类性格主要的防御机制是否认，通过这种机制，他们肯定了一些不真实的东西，从而转移（他们自己）对真实的认识。他们认同的倾向也十分明显，特别是通过效仿的方式围绕着外在世界的模范形象来塑造自己。

在《认识意大利面具》中，我们会看到弗洛林多（Florindo）的性格。卡拉·波埃西奥这样评价他：

他究竟是聪明还是愚蠢，是勇敢还是虚荣，是无知还是智慧？这位绅士穿着得如此优雅，天鹅绒三角帽上装饰着小巧、昂贵的羽毛，由熟练的人亲手将其如此恰到好处地放在他卷曲的假发上。这还真不容易认出来，佩戴饰物还要分不同场合。也许知道这点其实并不重要，但毫无疑问他是英俊优雅的，他的言谈举止、衣着打扮都是经过精心挑选的。他似乎是为了情人的角色而生。我们不应再多过问了。

他的手指上戴着沉甸甸的戒指，肚子上挂着一条链子，上面挂着许多吊坠和两块手表，没错，两块，因为这位先生想让人们看到他总是知道准确的时间，相比较一般只用一块表的其他人，他可是用两块表来管理时间的。

在女士们面前，他是最讲究礼节的。请注意他向前倾屈的方式是何等的杰作——他将一只手放在心上，另一只手则用他的羽毛三角帽画出一个宽阔的半圆。他那流利的口才表现在复杂的演讲和精雕细琢的言辞中，它们全部都超越了日常用语。

弗洛林多
插图：乔治·桑松尼，©春天出版社，佛罗伦萨

第六型：怯懦

在所有的时代里，恐惧型肯定都是众所周知的。泰奥弗拉斯托斯对懦夫性格的描述——由于其出现的背景——是我所知道的最接近严格意义上的对恐惧型的描述。

泰奥弗拉斯托斯将怯懦定义为"由恐惧引起的某种精神上的缺陷"，他将懦夫描述为一个在远航的人：……他分不清沿海悬崖和海盗船，从大海变得波涛汹涌的那一刻起，他就开始问起船员们是否有航海经验……他告诉坐在他旁边的人，前一天他晚上做了一个有不祥预兆的梦……最后他请求下船。在军事远征的过程中，当步兵进入战斗，他对同伴说，由于匆忙他忘记了拿他的剑；他跑回帐篷，把剑藏在枕头下面，消磨一段时间，好像他在找剑……如果他看到朋友受了伤被送回来，他会跑过去鼓励他，把朋友的胳膊搭在自己的肩膀上，帮助他。然后，他会照顾他，清理他伤口上的血，坐在他的床边，为他驱赶苍蝇。换句话说，他除了与敌人作战之外，什么都做。当战斗的号角吹响时，他坐在帐篷里抗议说："快走开吧，你没看到你这样吵闹会让这个可怜的人睡不着觉吗？"他浑身沾满了另一个人的鲜血，离开帐篷去寻找从战场上回来的士兵，告诉他们他救了一个战友，就好像他把自己的生命置于危险之中一样。

虽然泰奥弗拉斯托斯不会在他的异常性格肖像的画廊中犯下

遗漏懦夫这个形象的错误，但第六型不仅与懦弱有关，还与迷信（他笔下的另一个性格主题）有关，因为与这种型号中的一类带有攻击性且僵硬的变体相比，迷信这个元素和公开表现出恐惧的那一类变体尤其相关。泰奥弗拉斯托斯意识到了迷信和恐惧之间的联系，他说："迷信可能只是在超自然事物面前的怯懦。"

多疑型性格中反恐惧形式的案例有《白鲸》中的亚哈船长以及《麦克白》，麦克白因不可告人的罪恶感而生活在警惕性想象中的攻击里。这些好战的人通常不知道自己好战性中的恐惧，也不知道自己的好斗性，在别人看来，他们似乎是被非凡的勇气所感动。

另一种怀疑型的性格，我称之为"普鲁士性格"，是那些按照等级制度行事的人的典型性格，他们隐含着一种恐惧，害怕未能履行自己的责任，或者未能履行某种准则、意识形态或信仰的要求。这类人通常被称为真正的信徒，是狂热分子。当其他人怀疑他们的时候，他们会保护自己免受怀疑，就像堂吉诃德一样，他们特别吸引了"桑丘们"的注意，因为在桑丘们的眼里，他们都是胡言乱语的疯子。

害怕犯错误的恐惧，在胆怯的变体中会表现为过度地顺从、逃避决策的责任、犹豫不决和过度地谨慎，而强硬的变体——反恐惧型——则表现为攻击性，会导向一种对宏伟理想的迷恋。

这种猜疑的情绪气氛背后的主要缺陷可以称其为"自我妖魔

化"：自我指责，暗示认为自己有罪的观念。实际的恐惧其实隐含了对越轨、罪责、惩罚和谴责的恐惧，暗示要超越内心世界中默认的权威所规定的范畴。

可以说，在这类性格中对威权与控诉的融合构成了一种更糟糕的权威，即与主体良善的一面相对立的侵略性权威，这表现出安娜·弗洛伊德（Anna Freud）所描述的"认同侵略者"的防御机制。恰如其名，为了保护自己免受外部侵略，反而站在了侵略者的一边。为了不与之产生矛盾，这类人接纳了指控者的判断，导致了完全的自我压抑。

这里有一些幽默的小插曲，作为文学作品中的戏剧性描述和精神病理学的补充。有这样一个故事阐明了这种犹豫不决、疑心重重的类型：当你在楼梯上遇到一个加利西亚人时，你永远不知道他是在上楼还是下楼。这种人对任何人的提问都会疑心重重地回答："你为什么想知道这个？"强硬、多疑型（反恐惧型）性格对应的卡通人物是大力水手（Popeye），他刀枪不入、肌肉发达，还有一双凸出的眼球（他的名字显然来源于此，pop eye）。

在《认识意大利面具》中，斯帕文托上尉（Captain Spavento）一心想要展示自己是多么的英俊、强大、令人生畏，最重要的是，他是多么的勇敢。与其他人物形成鲜明对比的是，他没有戴面具，但面露凶色，还有那上翘的八字胡仿佛"能戳破天"。他说自己是一个伟大的士兵，但实际上他是一个吹牛大王，他更喜欢讲述想象中的战斗故事,而不是真正的战斗。他有着不同的名字:铁叉侠、大爆炸哥、火焰侠、摩尔杀手、鳄鱼上尉。

斯帕文托上尉
插图:乔治·桑松尼 © 春天出版社,佛罗伦萨

无论这个角色的冒险行为是什么,只有他自己才能讲述,因为没有人见过他与真正的敌人作战。这就是他威胁对手的方式:"如果我踢你的屁股,我会你一脚把你踹到土耳其,这前提还得是你的头发没有被太阳的光圈烧成灰。"

他经常与仆人法吉奥洛(Fagiolo)一起出现,法吉奥洛会假装专心致志地听着他挥剑的声音。这个仆人会谈起自己曾听到主人说："颤抖吧，敌人们，因为我的剑要饮你们的血才能解渴。"

面对真相

赛义德·奥马尔·阿·沙哈（Sayed Omar Ah Shah）——被称为"阿迦"——肯定道："我们已经知道了有些人是白痴，有些人是懦夫或骗子，但没有必要到处这么说。然而，我毫不怀疑这样做能够更好地服务于共同的善。我一直对'严师'怀有极大的感激之情，没有他们，我们也许就无法从爱之主所供给与的东西中受益。"

葛吉夫最杰出的天赋之一——被那些有幸围绕在他身边的人所熟知——就是他能够正视人们身上的残酷现实。也许葛吉夫学派和伊察索学派（他自称为"剑的主人"）的主要相似之处就在于对小我日复一日的斗争，而在伊察索的工作背景下的原型分析理论则促进了一个相互的、持续的"削弱小我"的进程。

最近，有些人说最好不要去思考自己消极的一面，而要专注于积极的方面。更具体地说，他们认为在性格九型图的呈现中，过于强调了消极特征，而没有同等地关注人格类型的"积极特质"。如此这般的态度只可能来自那些对于这门知识会带来的巨大转变价值一无所知的人。暂且不谈这些人对自我形象和自我重要性的关注，要明白这些知识是用来审视自己的，而不是为了让自己显得更有文化或自我欣赏。

上文引用的我的《九型：型号结构》是一本工具书。这一章虽然简短，但我希望能够帮助读者认识自我。在专业心理学的世界里，我们通常说没有外界的帮助，一个人就无法认识自己。我们透过九型图所触及的传统也肯定了这点，要想独自认识自己的基本特质是不可能的。我希望，在这面用之前书页中的肖像和评论精心制作的镜子面前，读者们自己也会发现事实已经不再是如此了。

第三章

爱的紊乱

未命名的谜团

几个月前,我在德乌斯托大学做了一场关于"爱的弊病与世界的弊病"的演讲,一位听众抱怨我没有给爱下定义。在谈了一个多小时"爱不是什么"之后,我想:这难道不比一个定义更有价值吗?让这个谜保持无名的状态,而不进行花哨的理性主义论证,这难道不是更加高雅吗?我不得不阻止自己去回应:"福音书中有关于上帝的定义吗?"

如果我没有记错的话,圣约翰肯定过上帝就是爱。预先下个定义,这项任务确实并非易事。我想起了伊德里斯·沙赫对一个正在教导"树木是好的"的人的观察。那个人认为所有的完美和优美都包含在树木中,树木提供果实、庇护和工匠所需的原材料,而从不提出任何要求。他的追随者们热爱树木,崇拜树林和森林长达一万年,沙赫评论说,这些人混淆了眼前的事物与真实的事物,就像人们混淆了自己目前对爱的观念一样。

"他对爱秉持着最崇高的观念,如果他能够有所了解的话,也许会认为这是他目前的理想中对爱最低等的观念。"[1]

尽管我并未尝试给爱下一个能揭示其本质的定义,但似乎有必要指出,如果说把爱理解为超越其各种形式的某种东西是合理的,那么我们毫不犹豫地将其称之为爱的,就是一系列不同体验中的共同之处。两性之间的爱、母爱、朋友间的钦慕之爱、对同事或同学的善意,它们有什么共同之处?我会简单地提及三种体验、三种不同的爱——情欲吸引、善意、钦慕——它们之间的转换以及各种形式的组合,毫无疑问构成了爱在生活中的表现。如果我们想更进一步,就只能求助于诸如"肯定"或"价值归属"之类的词语,尽管这些词依然不足以表达,但我们也没有更好的选择了。

文学作品和电影中如此高比例的诗意化的爱与基督教诫命中"爱邻舍如爱己"的爱肯定不是一回事。至少,这里有一个足够明确的着重点,让论述爱的哲学家们始终把爱己(amor per se)与博爱(caritas)区分开来,或者——从拉丁语传递到希腊语——欲望之爱(eros)和神的爱(agape):一种与性有关的爱,首先表现在两性之间的相互吸引中;另一种是独立于性的,其原型表现于母婴养育关系。先不说这两种成分是否同时存在,也不管这两种

---

[1] 伊德里斯·沙赫.《反思》.巴塞罗那:帕伊多斯出版社,1986.

爱之间是否存在着某种关系（比如慈悲可能会滋养性欲，就像在谭崔的道路上那样），的确，这两种现象可能是独立的，也可能是对立的——这在基督教文化中很典型，神之爱（无条件的爱）的信条是在禁欲主义的背景中出现的。

但是这种二元性并没有涵盖爱的全部谱系。如果慈悲之爱，就像母爱的回声，是一种付出之爱，而纯粹的性爱是一种渴望接受的欲望之爱，那么还有一种钦慕之爱，既付出又接受：将自己的肯定给予所爱之人，并以它所发觉的神性光辉作为滋养，反过来，经由倾慕的行为也滋养了对方。

休伯特·贝奈特（Hubert Benoit）指出，钦慕之爱总是会——在或多或少的程度上——把神圣的形象投射到你身上。这点我同意，但我不赞同他把钦慕之爱等同于性爱，无论它在多大程度上构成坠入爱河的本质。我认为，坠入爱河是欲望之爱和钦慕之爱融合的结果，钦慕之爱的原型形式是小男孩与他父亲的关系，而不是与母亲的关系（对母亲来说，他体验到更多的是愉悦之爱或欲望之爱，而不是接受之爱）。此外，可以说从苏格拉底式的爱到至善（Summum Bonum）都是智慧和情欲吸引的混合体。钦慕之爱——尤其是柏拉图称之为友爱（philia）的男性之间的爱——并不一定以情欲为基础，比如对灵性导师的虔诚展现，或者正如尼采所指出的："女人爱男人，男人爱上帝。"

所有这些都有一定的道理，在某种程度上存在着一种爱，它涉及无私地把自己给出去，一种既不是对自己（欲望之爱）也不是对别人（付出之爱）的爱，这种爱可以被称作广义上的"上帝之爱"——无论是对美的爱，对正义的爱，对善的爱，还是对生命本身的爱。

情欲之爱（或欲望之爱）、博爱/神之爱（或给予之爱）和友爱（或钦慕之爱）可以被描述为孩子的爱、母亲的爱和父亲的爱。这些区分主要与我们语言结构中的第一、第二和第三人称有关：欲望之爱，伴随其对接受的渴望，赋予了"我"特权；神之爱是对"你"的爱；钦慕之爱则投射出价值体验，以一种至高无上的拟人化或纯粹价值的象征——"他"，超越了"我—你"体验。也可以说，"对我的爱"是拥抱存在于我们内在的动物性——一种欲望的造物，"对你的爱"是以一个人或人类特有的方式接近对方，钦慕之爱则是在神性中邂逅了真正的客体——无论是在宇宙维度上还是在对神性化身的体验中。①

同样可以说，对动物性自我的爱与我们的自保本能有关；我们的人类之爱或"对你的爱"促成了性的繁衍；我们对最高价值的爱不仅与父亲有关，而且与社会化进程中为了关系本身而寻求关系的社群本能有关。

显然，这三种爱都有可能退化。因此，比方说，除了希腊人

---

① 这项分析呼应了雷蒙·潘尼卡（Raimundo Panikkar）在对基督教三位一体的研究中所提出的观点，即语言的三重主体性.《哲学档案》. 1986（1-3）：593-596.

贴切地将其人格化为厄洛斯神的欲望之爱以外，还有一种因匮乏而引发的情欲。与其说这是一种本能，还不如将之理解为一种本能的衍生物或本能的反映：因为难以获得而激发出对快感的寻求，一种掩盖并希望弥补不幸的享乐主义。我们可以将这种对情欲（eros）的过度追求和伪造的特征描述为不负责任的爱。

弗洛伊德将情欲等同于力比多，但考虑到目前"力比多"一词的用法是指神经症的心理燃料——这种在黑暗中寻找自我的"颠倒的爱"——所以最好还是将情欲之爱保留为对自身的爱，这是一种丰盛的表达形式，是一种伴随着存在的充实感而溢出的现象。

孩子会从接受之爱开始，继而发展出付出的能力，至少我们可以认为这是健康的发展。然而，在大多数情况下，个体仍然对必需品有所执着：早期的挫折感变成了慢性的感受，到了成年依然占用其心理能量。由于不知道接受是什么，所以这个人也不知道要如何付出。因此，接受之爱或力比多不仅吮吸着愉悦之爱的情欲，还遮蔽了付出之爱与钦慕之爱。

另一方面，对于"爱你的邻居"，我们尤其熟悉的是其堕落的形式：伪善。糟糕的爱总是包含着虚假的一面，用一种东西冒充另一种东西，说"这就是爱"。但除了虚假的爱之外，爱还涉及一种"反—爱"（anti-love）：一种剥削性的贪婪。爱的虚假性假定了一类特定的幻觉，即将爱过度等同于某些其他相关的、被过分重视的体验，比如愉悦或令人敬佩的事物，或因上下级关系而获得的馈赠。

当社会规范或情爱的道德规范转变为专制的守法主义时，钦慕之爱反过来成了过激的根源。无论人们如何谈论对上帝的爱或对祖国的爱，实际上他们是在以爱的名义，假借助人为乐的声音在说话。社会运动和个人对权力的焦虑滋养了这种义务之爱。①

接受之爱、付出之爱、钦慕之爱的机能不全之处，自然与它们在社会中众所周知的表现过度一样。

在摩西律法中，第一条也是最重要的一条诫命是爱上帝，但在科学心理学中却没有上帝之爱的位置，科学心理学几乎不接受"爱"的概念（更喜欢客观的概念，如"积极情感的强化"）。也许，经过几个世纪对上帝的徒劳命名，上帝已经变得与我们毫不相干了，在与僵化的专制宗教机构的关联中，上帝的观念也依然被贬低。因为这个原因，我也希望重申我的信念，即情绪健康意味着广义上的"上帝之爱"，独立于所有的意识形态，甚至可以与不可知论共存。例如，当有人问年迈的布伯（Buber）是否相信上帝时，他回答说："如果上帝是独立于我的东西，那我就不知道了；但如果他是我可以与之建立联系的，那么，是的。"

基督徒的诫命"爱人如己，爱上帝胜过一切"实际上并不是

---

① 值得注意的是，对生机地球之爱和对人类的爱（在英文中）被表述为对"祖国父亲（fatherland）"的爱，而不是对"祖国母亲（motherland）"的爱。

指一种爱,而是指三种爱之间的平衡:爱我,爱你,爱上帝。这并不关乎于爱邻居胜过爱自己的问题,而是爱全人类——无论是他人还是自己——甚至去爱比人类更伟大的东西。

当然,许多人由于利己主义或缺乏对邻里的爱而未能履行这个灵性原则。他人,非但不是亲如兄弟,反而是被忽视的、被利用的、是你争我斗的陌生人。这种爱意味着失去"你",失去把对方当作主体的能力。

看来,利己主义的本质是对自己的爱;但如果我们仔细考察利己主义的心理状况,我们就会发现,它首先涉及的就是充满激情地寻找自我与爱的替代品。在自爱的形式之上,更多的是一种隐性自我拒绝的结果。正是因为利己主义者不爱他们自己,所以他们才需要提升次级欲望来填补这个真空。友好地对待自己或仁慈地对待自己和自保本能不尽相同:这不是一种冲动,而是对这种冲动的慷慨肯定;它不是动物性的动机,而是只属于人类的亲密体验。

但是,失败之处不仅仅在于关乎人性的爱,尤其是在我们的世俗世界里。我认为,许多病理状况的根本面向之一是遗失了这种爱:超越对邻里之爱和对自己之爱的爱。我觉得这仿佛是我们内在燃烧的神圣火花,是爱本身。正是从这种没有对象的爱出发,或者说爱的对象是"无限",只有在这种密度下生命感才能迸发出它自己的"意义",并且超越于一切理性和人际情感之上。

我对"糟糕的爱"——大祭司就是这样称呼的——部分的分析会包括对三种爱的不同特征的考量：父爱（友爱）以神性为导向；母爱（神之爱）被投射到个体的同胞身上，有关婴孩般的爱的形式（情欲之爱）聚焦在欲望上。这个章节后面的部分将会更广泛地讨论每种神经症类型中的爱是如何被阻碍、被伪造或被背叛的。

圣·托马斯（St. Thomas）曾经给出区分罪的两个方面的建议，他称之为厌恶（aversio）和转移（conversio）：与上帝分离和夸大了世界的吸引力。我们发现这个思想在但丁的《神曲》中得到了呼应，即每一种原罪都意味着对爱的不同偏离——对但丁来说，罪是爱的形式，对它们的真实对象和自身视而不见，转而被其映射出的影像和幻象所迷惑。

虽然我打算从原罪的视角出发来治疗爱的弊病，这对于那些记得但丁通过维吉尔（Virgil）在《炼狱》第四卷中的话语提出学说的人来说可能并不新鲜，不过我的主题是逆向的：神经质的动机如何构成爱的障碍。也就是说，这些被我们认为是性格基础的人格基本模式（包括从姿态和运动机能直到思维形式的整体范围内的特质）是如何在爱的这个主题中表现的。因此，根据我作为一名专业心理治疗师所获得的经验，我会在下文指出，在每一种性格神经症中，爱是如何被阻碍和被伪造的，以及相关的问题所带来的后果是什么。

第二型：热情—爱

为了充分进入本章的实际主题，从第二个九型型号开始讨论性格就显得恰到好处，因为，无论是对于哪种原罪来说，骄傲型的人通常都是看起来最无辜的，他们是那些在爱中最少遇到麻烦的人。的确，他们也被视为最"有爱"的性格。

然而，一些性格更"有爱"，一些性格更少"有爱"，实际上并非真的源于他们在最深层意义上有更多或更少的去爱的能力。我们从这样一个前提出发：心理健康——以及由此产生的爱的能力——受到性格病理干扰的严重程度是同等的。那些诱惑型的性格自然会呈现出更多的爱，因为对爱的伪造正是他们引人注意之处。

骄傲型的人在显得有爱这方面似乎没有任何困难，这并不意味着他们在爱的方面没有问题。表演型人格（骄傲型的最异常形式）的一个诊断特征就是它在情爱方面的不稳定性，这与该类型如此明显的、强烈的情绪不稳定性和肤浅性同样脱不了干系。

虽然我确信他们在心理治疗师面前会比其他性格类型呈现出更少的骄傲（除了纵欲型之外），但他们寻求专业性的帮助最常见的动机恰恰就是解决与爱有关的问题。

鉴于他们有爱的性情，为什么他们还会这样呢？也许是因为他们的感情需要付出高昂的代价，那些会暴露出他们局限性的代价。虽然那些具有这种诱惑型性格的人会不遗余力地提供一种曼妙的、独特的、超常的爱，但他们明显地减少诉求也是超常的，尤其是在爱的方面。

神经质需求在真实的世界中是无法满足的，因为他们的热情天性是一个无底洞。即使是在遇到了他们的真爱的理想情况之下，骄傲型的人可能也难以满足，以至于在他们的关系中会制造出危机。例如，他们也许过于侵犯对方，或者过于嫉妒，或者非常幼稚、不负责任，或者前后矛盾。当另一个人的神经质需求和利己主义的特征与爱一起出现时，情况就更是如此了。骄傲型的人总是期待着一张铺满玫瑰花的床，而批评、不耐烦、恼火，以及伴侣对自己缺点的其他自然反应不仅会伤害他们的敏感性，还会从根本上损害他们的形象——理想的、曼妙的、总是令人愉快的、无与伦比的形象。这些挫折自然会成为令他们不再痴迷的因素，而第二型这类热情的性格对于一段不可能坠入爱河的关系几乎没有任何兴趣。因此，这样一种满腔热情的性格模式，为了寻觅爱而从一段关系转移到另一段关系——每一次都以幻想破灭或厌倦而告终，这足以使他们带着对爱永不满足的渴望去寻找另一个新的对象。

不仅仅是日常生活中的挫折——无论是否有意识地认识到——会促使爱的关系恶化，就连历史上著名的情人贾科莫·卡萨诺瓦（Giacomo Casanova）在生活中如此明显的表现也难辞其咎。他无数次冒险的真实故事告诉我们，驱使他去冒险的不仅仅是对爱情的失望，而且事实上他也并不寻求爱的生活，驱使他的东西其实就是征服本身。那些通过在爱中取胜来满足自己骄傲的人，不会因为他们感兴趣的对象最终屈从于他们而长期满足。这个点一旦实现了，他们的兴趣就转至通过扩大征服范围来重新确认自己的吸引力。

然而，在这两种情况下，这个类型的个体会因为未能发展的爱而受苦。两性之间的关系形成了一种如此强烈的激情，以至于它让生活中的其他兴趣黯然失色，其结果是，在某种意义上，这类人似乎没有自己的生活，他们把一切都投入自己唯一的使命中：他们的家人。这种情况本来是没什么问题的，但是在这种表现上的使命感中其实深藏着一种对爱的渴望，而这种渴望又被另一种付出的形式过度掩饰了。

当然，倘若不是因为骄傲型的人"需要爱"，可实际上被"付出爱"所掩盖了，这一切就都不可能发生。自欺欺人是如此完美，以至于这类个体被自己的付出填满（比其他性格更多）。无论他们从别人那里接受了多少，他们的付出（这也隐含着"接受"他人的需要）都证实了自己作为给予者的自我形象：一个伟大的爱人、一个伟大的母亲，或者一个感情非常细腻的人的形象。

到目前为止，我谈到的主要是两性之间的爱，这是第二型倾向于一心专攻的爱的领域，他们把自己付出的形式以及被掩饰了的对接受的需求，全部都聚焦在这个领域上。母子关系，对于那些既以自己的付出、又以满足他人需求为滋养的个体来说，通常也是一个重要的领域。

不过，总而言之，还是让我们回顾一下本章开头所讨论的三种爱在这类性格中所表达出来的特有的不平衡。

首先，很明显，相对来说他们对上帝的爱是不感兴趣的。即便是超越了两性之间的爱，他们的取向也更多的是"人际之间"的而不是"超个人"的。在这种如此热爱与人连接的性格中，几乎没有"理想客体"的空间，对他们来说，情欲和温柔的情感表达与爱是处于同一水平的。他们关于爱的生活是由对他人的爱和对自己的爱组成的——只不过，正如我们所看到的，在这种组合中，前者掩盖了后者。

在我的《九型：型号结构》一书中，我针对二号（那些看似付出了一切却一无所获的人）具有的这个如此核心的现象提出了"利己主义的慷慨"这种表达方式。也许我们可以说，对自己的爱是更多的，而对他人的爱是由它转化而来——其结果是一种幻觉。通过这种幻觉，一个人将自己需要的一部分地投射到另一个人身上，一部分则被简单地否定或最小化，如此这般地强调个体自己的付出。然而在真实的尺度上，对他人的爱是位于第二位的，处在对自己的爱和对上帝的爱之间，但它才是真正吸引人们注意力的那种爱，以至于在许多如今流传于北美的九型人格书籍中，这类性格被称为助人型。然而，他们把忽视自身需求视作无私的大度这一无人可比的能力，恰恰是他们在灵性和疗愈进程中的首要障碍。

在一幅漫画中，一个非洲女人和一个丘比特在一起，丘比特不得不帮助她把一个探险家放进大锅里，这生动地揭示了诱惑性的爱中潜藏着的利己主义，不论其呈现的是"吸血鬼"，抑或是甜蜜的、孩子般的性格，就像狄更斯在他的自传体小说《大卫·科波菲尔》中所描述的那样。作者在书里的小朵拉身上感受到了自己母亲性格的回声，从而被她深深吸引，朵拉宣称她想帮助她所钦慕的丈夫——但她显然没有能力这样做。她渴望帮助丈夫，结果却吞噬了他，就像吸血鬼的爱一般。在这两种情况下，在这种对"需要被需要"的爱的巨大焦虑之下，使对方成了其奴隶。

第七型：享乐—爱

我们接下来会探讨第七型，因为它同样是一个诱惑性的、有爱的性格。然而，它的诱惑方式有些不同，爱的方式也不一样。自我放纵的人最需要的是一种放纵的爱，因为他们不喜欢别人对他们提出任何要求，也不喜欢别人对他们施加任何限制，所以他们就会去放任对方，以至于拉布吕耶尔（La Bruyére）在对人类性格的思考中强调了一种似乎决心在他人身上培养恶习并歌颂他们的人。

如果说骄傲型所追求的理想之爱是热情之爱，那么饕餮型的理想之爱则更加柔和、更加平静、更加无忧无虑。这是一种寻求取悦的令人愉快的爱，可以被称为"华丽的爱"，可以联想到弗拉戈纳尔（Fragonard）和路易十四时期的宫廷生活。在这里，我们不妨引用伊波利特·丹纳（Hipolito Taine）将这种爱的形式与薄伽丘（Boccaccio）所推崇的爱的形式进行比较时所说的话：薄伽丘非常重视享乐，他的激情，虽然是物质性的，但却是强烈的，甚至是持续的，他的身边往往都是悲剧和相当平庸的事件，却也是足够供他取乐的。我们的寓言以非常标新立异的形式来表达欢欣。人们在其中寻求的是娱乐，而不是享受，他快乐，却不奢逸，嗜甜，而非饕餮。他把爱作为消遣，但不为之着迷。他摘下一颗可爱的果实，尝尝滋味，然后离开。[1]

我们可以说，七号的心理倾向于将爱与享乐混淆——因此也混淆了爱与满足欲望时不被干涉这两者之间的不同。然而，对于这类既不希望给他人带来负担，也不期待从任何人那里获得任何东西的友好的、快活的性格，享乐—爱这个表达并不能完全唤起他们那总是如此轻快的爱。我们也可以换一种说法，称其为安

---

[1] 伊波利特·丹纳.《拉封丹和他的寓言》.布宜诺斯艾利斯：阿美利加出版社，1946.

慰—爱,它会令我们联系到爱的生活中愉悦的、平静的面向,同样,还有它的局限性。

下面这则来自里约热内卢的笑话为我们提供了一个关于安慰—爱的表达形式,虽然不是最理想的,但鉴于这个城市的嗜甜精神,我觉得这个笑话非常合适:一个土著妇女正在斥责她的丈夫,告诉他女仆怀孕了。丈夫回答:"啊,那是她的问题。"妻子继续说:"但是是你让她怀孕了!"他回答说:"那是我的问题。""那我呢,你觉得我在这一切中会是什么样子?"妻子又说道。丈夫轻松地回答:"那是你的问题。"

一个寻求享乐的人在面对有所不便、需要承诺、涉及严重责任或限制的情形,或是针对这些事情有所要求的人们时会想要退缩,这显然是使得饕餮之爱成为不稳定的、需要不断探索的爱的因素之一。我们知道,随着关系发展的时间越长,所有这些因素也都会随之增加。但这些因素并不是唯一的,毕竟饕餮的人格本身就是好奇的、有探索精神的;篱笆墙另一边的草总是更绿。

在此时此地的真实世界中难以获得满足,正是"口欲型乐观主义者"爱的生活中另一个重要的问题,他们不断被推向理想的、想象的、未来的或遥远的地方。他们认为让自己远离当下的是欲望,但这是否仅仅是一种主观的表象仍然有待于商榷:更像是有一种隐性的不满足感在促使他们不断地飞向不同的事物。饕餮型所追求的那种"完全纵容的甜蜜"之理想,在一段新关系的迷醉期过后就很难再在真实的体验中出现了。生活自有其不如意，在物理世界中，每一次的计算都必须要考虑到摩擦，而快乐—爱所寻觅的是没有摩擦的关系——并且还知道如何才能找到它们，尽管它们几乎不能被称为关系。威廉·斯泰格（William Steig）在一幅插画中生动地说明了这一点，尽管这幅画本身并没有直接提到爱情，而是与人类处境有关（《斯泰格画册》）。一个微笑的男人让苹果在他的头顶和手臂上保持平衡，暗指那种不仅多才多艺，而且还能从人际平衡行为中获得掌控感的人。

七号身上有一种普遍友好的态度。这类人去到餐厅没过一会儿就认识了服务员或厨师。他们也认识店主，很容易与人攀谈。他们的平等主义态度促成了这一点，这也是他们友好的、讨人喜欢的和诱惑型性格的一部分。这一切的基础是什么呢？同志情谊？对于这些总是试图推销自己的人来说，他们热爱探索的那一面，更多的是他们对新奇和对体验的追求，对可能性、对机遇的追求。他们让人想起正在寻找商机的商人，无论遇到谁都想了解一下情况，看看是否存在着机会。他们爱玩耍的那一面也很突出：因为他们爱玩，所以他们接近别人就像孩子对待可以和自己玩耍的人一样。

根据九型图关于这个型号所提供的信息，我们也许可以理解这种似是而非的关系之下潜藏的是什么：这类性格（七号）与反社会的性格（八号）以及自我沉浸的、疏远的型号（五号）都有连线。饕餮型越是倾向于纵欲型，他们的生活方式也就越会像唐璜（Don Juan）那样，一直在寻找猎物。无论他们表现得多么殷勤，内心深处都是一个机会主义者、一个精神分裂者，他们对自己永远比对他人更感兴趣。这种形式的利己主义对其他人来说是无法接受的，除非有着至少是同等剂量的、献殷勤的慷慨作为补偿。

正如饕餮型通常都是一个能够让自己的欲望为他人所接受的专家，在爱的特定领域，这种性格的人想要得逞也并不是很困难，即便需要有所牺牲，而且是不寻常的牺牲，比如在不忠行为的情况下。我记得基诺的一幅漫画描绘了一个具有江湖郎中的典型相貌学特征的人物，坐在他的医疗咨询室里，周围摆满了各类文凭。一位来看病的老太太（大概是因为心脏问题）目睹了这位年轻医生给他秘书的指示："打电话给我妻子，告诉她与我的情妇联系，让她们商讨一下谁更适合作为我的女伴去参加孩子们的聚会。"在下一个画面中，我们看到老太太已经晕倒了。

DSM-III 中关于自恋者性格特征的讨论强调了特权感，一种基于天赋和优越感而产生的权力感。然而，七号们在一段恋爱关系中所追求的优越感与那些在生活中表现得非同小可且自命权威的人不同。在这个型号中，所呈现出来的重要性是一种更微妙的形式：他们并不期望被服从，而是希望被倾听、被认为是知情人士。比如说，男人可能期望他的妻子成为他的听众；同样，这种情况也发生在父亲与儿子之间。喋喋不休的人需要被倾听，与之相辅相成的自然是他们不知道如何去倾听，尽管他们自己对此并无察觉，毕竟他们在专注的态度中表现出了极大的同理心。此外，在父母身份的问题上，自我放纵类型的爱往往不如表面上看起来的那么多，这要归因于他们的说服才能和魅力。一个父亲，可能几乎从不在家里，但仍然能够通过礼物和微笑让自己受到爱戴，以至于他的孩子们在长大以后才会意识到他的缺席。在此种情况下，他的爱意的一部分是放任——只是有时候他的孩子们会觉得这意味着他不想付出努力，他们在直觉上会觉得如果父亲给自己设定界限，他们反而会更加感到被爱。

现在，让我们来看看在这些充满魅力的人身上，心理能量在三种爱的渠道中，其分配是什么样的。

总体上，这三种爱的等级体系与骄傲型有些不同。在后者中，对神性的爱几乎被对自我的爱和对他人的爱所掩盖，而在饕餮型的人身上常常会出现宗教取向，即便没有宗教倾向，人们还是可以在他们身上观察到一种对理想的爱，或者理想化的爱，这种爱对应于我所解释的最广义上的神圣的爱的领域。

对于这类性格的人来说，宗教信仰或灵性渴望可能正好促成了一种逃避。这不仅仅意味着忽视眼前的和可能的事物，转而去追求遥远的和不可能的事物，这还意味着在纪律方面存在着困难，以及他们没有足够的能力去面对自己心灵深处的不适感。这常常使他们成为寻求精神庇护的"业余修行人",而不会真正地进入深刻转变的过程。

关于对自己的爱,七号的自我放纵更像是一个过于寻求舒适、魅力十足的父亲,而不是一个与自己交好的朋友。但是享乐—爱自然是在试图补偿一种更深层次的匮乏感(正如九型图中五号和七号之间的动态所表明的那样)。一个人寻求享乐正是为了逃避焦虑和内疚所造成的心理不适,缺乏对自己的情感以及缺乏自我拒绝与这种对心理不适的逃避成正比。

正如我们已经暗示的,付出—爱也存在于这类性格中,就像它在前一个性格(二号)中一样,以诱惑的形式存在着。因此,可以说,它是作为有策略的友好和可利用性而存在的。拉封丹在他关于狐狸的寓言中很好地描述了这一点:狐狸对它所欲求的对象总是很友好。我们还可以来谈谈机会主义—爱。一位幽默作家给他的一本书起的书名就很好地说明了这一点:《通过婚姻获得财产》。

第五型:缺乏情感

我说过,有些性格显然比其他性格更有爱,我也正是从那些有爱程度最明显的类型开始的。我接下来要阐述的这个类型表面上看起来是最没有爱的。再说一次，如果说爱是人类本质的一个属性——是其真实自我或者存在的核心——那么它是独立于性格的，性格可以是愿意付出的、追求效用的或喜欢肯定他人的，也可以是更疏远、冷漠或残酷的。这些是程序上的差异或人际策略上的差异，因此更多属于伪爱的世界而非真爱的领域。然而，关于精神分裂型性格者似乎不那么有爱这一点，不仅仅是外在的观察者能够看出，精神分裂型性格者本身也能够感受得到。虽然歇斯底里的性格类型，也就是九型图右侧的型号，很容易自欺欺人地认为自己有能力去爱，但对于更加精神分裂型的性格来说，自欺欺人比起欺骗其他任何人更要困难，他们自己也可能会因为无法真正地与他人交往而感到苦不堪言。

虽然自闭症在责备自己的倾向中忽略了他们心灵中所蕴含的自发之爱的本性——他们只关注自己应该是怎样的或应该做些什么的这种理想化的视角——但同样真实的是，他们的程序违背了与他人融合的冲动，柏拉图在《会饮篇》(*The Symposium*)中认为，这是一种对爱可能存在的形式的回应。

精神分裂型性格反对这种与他人融合的冲动，因为他们窝藏于内的真实激情正是避免联结。如果爱意味着对别人感兴趣，那么有着"自闭症"的精神分裂型性格的人就是那些对他人不感兴趣的人。他们不仅很少表达自己的情感，而且他们比起其他人更冷酷、更冷漠、更漠不关心。

第三章
爱的紊乱

他们的确喜欢接受，但不喜欢索要，因为他们已经了解了索要可能会带来麻烦，他们害怕自己的贪婪所带来的挫败会比因忍耐而强加给自己的挫败更加严重。甚至他们接受爱的欲望也被抑制到了相当的程度，他们让自己去适应在尽可能少的爱中生活，将任何需要有赖于他人的需求最小化，以及将那些需要有所付出才能满足的需求也最小化。此外，他们发现很难知道自己接受了些什么，因为在情感上和内心里，他们对爱并没有信心，在这点上更有甚于八号。他们倾向于认为，那些表现出爱的人的行为都只不过是出于他们自己有意识或无意识的利益而已。又或者，他们不相信自己值得去接受爱，因为他们觉得自己不够有价值，或者因为自己对他人没有什么兴趣，从而感到自己付出得不够多。

因此，他们也不会对爱做出承诺，不会对他人做出承诺，不会对生命做出承诺，并且会过度控制对承诺的恐惧，以及会控制因他人的需求而带来威胁的恐惧。由于过度地无法容忍他人的需求和期望，因此他人的欲求在他们看来基本上都是限制。

最没有得到发展的爱的形式自然是母性的爱、付出的爱和怜悯的爱，对理念的爱和对自己的关注掩盖了对他人的爱。他们几乎没有同志情谊，很少有社区意识或与其他凡人的同仁情谊。这类性格也很少陪伴他们的孩子，孩子在他们的眼中——相比其他性格者更明显——是一种负担，一种妨碍。然而，也有一些情况下他们会把自己被遗弃的"内在小孩"强烈地投射到孩子身上，这会导致对孩子的过度保护和依恋，表现为对孩子的高度限制性的关系。

虽然贪婪型的人也是利己主义的，但他们对待自己也依然是如上所说。他们不给自己满足感，他们鞭策自己，觉得必须要做些什么有价值的事才能赋予生活以意义。

在伴侣之爱方面，他们不太交出自己。他们要求的是不被要求，包括他们的孤立和几乎为零的同情心，这些都是问题所在。同居和走进婚姻的决定是很困难的——这意味着失去隐私、自己的生活无法完全由自己掌控。性方面也可能并不强烈，也许会被视为另一种需求。

对上帝的爱，因为其要求不如同胞的要求那样明显，所以在某种程度上成了人类之爱的替代品，只不过这种对上帝的爱，如果没有足够的对人类的爱和对自己的爱，其体验就会减弱。但是与理想对象的关系还是更容易的，而且冲突也更少。相应地，钦慕之爱（孩子对父亲或母亲的爱）在这类性格的人身上得到了更多的发展，比慷慨还要多。

第四型：病虐—爱

安德烈·莫洛亚（André Maurois）在他《爱的七个面貌》

（*The Seven Faces of Love*）①一书中首次使用了"病态—爱"一词，用以描述普鲁斯特的心理世界中饱受折磨的爱的激情。莫洛亚说，与拉法耶特夫人（Madame de Lafayette）、卢梭或司汤达相反，普鲁斯特不再相信激情的暴力"由于承受暴力对象的特殊品质而变得合法"。他接着说："我们将看到，他认为热情—爱是一种不可避免的、痛苦的、偶然的病虐。"

从九型人格的心理学角度来总结这个观察，我会说二号和四号的爱都是热烈的，区别在于骄傲型相信、崇尚并理想化他们的热烈，而嫉妒型的人（那些不相信自己的人）则为之受苦。

我们可以说，嫉妒型的人会对爱上瘾。嫉妒是一种有所匮乏的感觉、一种对他人的贪婪、一种由于自己的过度而导致自我挫败的情爱"食人"主义类型。因过度而导致挫败有两个原因：首先因为它的要求超出了可预期的范围，再者由于它会因为骚扰而侵害对方。这种情形可以比作婴儿由于饥渴而啃咬了母亲的乳房；在导致婴儿最初咬人的挫败感上，又增加了母亲的挫败感——因受伤而摆脸色或将孩子移开的反应。

过度的需求自然是对先前挫败的反应。这就好像个体在说："给我，因为你之前给我的不足够，所以要补偿我。"这种对补偿的需求隐含着报复的味道。对于那些对自己有些许了解的成年人

---

① 安德烈·莫洛亚.《爱的七个面貌》.梅塞勒：纳沙泰尔，1942.

来说，情况会变得更加复杂，因为他们知道自己"会咬人"，而那些对自己有一个阴暗印象的人——感知到自己在爱中会有攻击性的指控——他们并不觉得自己能够配得上，并且预期自己会被拒绝。尽人皆知，预期被拒绝就会使其成真。有个著名的笑话解释了这一点：有人想去朋友家问能否借用朋友的吉他。在去的路上，当他快到的时候，他想到现在去拜访也许不太合适，因为他的朋友可能正在吃午饭。几分钟后，他仍在路上，又想象着不仅会打扰到朋友，而且朋友也可能不太愿意借给他吉他。毕竟对于一个花大量时间弹奏吉他的人来说，吉他是非常个人化的东西。他敲了敲门，当他的朋友微笑着打开门并询问他来访的原因时，他只能回答："你和你的吉他都去死吧！"

虽然嫉妒型表现为对事物的过度索求、过度苛求，但这种对他人爱的需求，其基础是与之相应的无法欣赏自己或爱自己。这类人过度地依赖他人，不是因为单纯地出于与自己的价值脱节，就像三号那样，而是由于一种更具存在性的自我低估感，这种低估感达到了有意的自我攻击或者自我仇恨的极端，是一种觉得自己很荒谬的感觉。当我们谈到情爱的激情时，说的正是这种类型的爱，即莫洛亚所称的病虐—爱。

我们可以说，在爱的方面予以重视的程度使之转变为一种强烈的激情；但如果比激情更进一步的话，那就有可能被称作一种病症了，因为它满足了具有依赖性和贪得无厌的特征。对于这类对情感有着如此之大需求的人，阻碍他们感受到被爱的另一重困难在于他们除了自我否定之外，还有对他人的否定，因为他们觉得："如果你爱我，而我毫无价值，那么你又是什么样的人呢？如果我能这般欺骗你，那你的欺瞒需求一定和我的一样强烈。"这些人无法想象自己能够被爱，即使是当他们也许已经得到了爱的时候，他们也不允许自己体验这种满足。然而，这对于他们而言的确很困难，毕竟这类性格的一项主要特征就是看到缺失了什么而非已经拥有了什么。不够完美的爱、不够崇高的爱或者不够浪漫的爱，都无法满足他们的敏感性。这种对于受伤或挫折如此敏感的爱，正是被源自挫败和索求的怨恨所染污了。

四号是一种过于殷勤的性格，总是随叫随到、迁就甚至奉承他人，有同理心、助人意愿和牺牲精神。他们忍受挫败和痛苦的程度甚至达到了受虐狂的水平，但与此同时，通过强化自己受挫的欲望来"记账"或者去补偿他们所有的牺牲，这些情况又反过来变成了无意识的贪婪。

嫉妒型的爱不仅仅是由于他们对他人的强烈渴望、对处境的悲观解读以及自我挫败的倾向使其变得病态，而且他们还具有通过"生病"来索取的典型特征。我前段时间在一本杂志上看到有则滑稽的笑话，任何人都能从中清楚地了解浪漫的态度是如何与病虐联系在一起的：一位医生倚在病人的床边，对病人的母亲说："你的儿子是一位病得很厉害的诗人。"

索取越是不被允许，欲望就越是令人尴尬，也越需要"无辜地"吸引所欲望的对象，即通过强化——我们可以说是表演型的强化——通过需求和挫败感的体验，从而不产生内疚感。越是禁止提要求，这类性格就越需要得到关注和照顾，但从表面上看起来他们都是无意而为之的，不论是通过受苦、受害者的角色，抑或是通过各种身体症状和各式各样的难题。

有时候这些情境会被称为"情感勒索"，它们不仅存在于恋人之间，也存在于父母和孩子之间。众所周知，以软弱和需求来诱惑不仅是一种女性气质的手段，而且是一种不可抗拒的诱惑，在上个世纪中常常以晕倒的形式表现出来。无论如何，这只不过是每个孩子呼唤母亲以满足需求或者获得帮助而啼哭的强化版本而已。

然而，仍有必要看到真正的自我同情的哀叹。尽管他们在寻找同情心，并且在抱怨找不到同情心，但四号其实很难感受到这种对自己的同情心，甚至不容易接受之。他们甚至不觉得自己有权利接受好的东西，因为他们不仅不爱自己，而且还恨自己、看不上自己、拒绝自己。

对四号来说，超越个人的爱是那种超越了我和你的爱，可以说它并不具有宗教领域的特征，也不属于善的范畴，而是属于美的范畴。他们所连接的高等价值主要在于对艺术和大自然的爱。人格化的神明之所以会与无价值感互相混淆，也许是因为神性的召唤只会加剧负罪感带来的痛苦。另一个方面，对于喜爱竞争的人来说，钦慕是个非常棘手的东西。

这类性格可能会竭尽全力地去追求情欲主义，毕竟这会使得个体超越平凡并满足他们对激烈性的渴求。但是他们很难完全沉浸在愉悦之中，也不是沉浸在他人之中；以至于威廉·赖希把受虐狂诠释为一种抑制性高潮的表现。他们对于付出之爱的表达也是很明显的，而这点属于神之爱范畴，他们会表现出服务导向、保护受压迫者，以及很具有同理心。需要怜悯的人不知道如何接受怜悯，却很容易去怜悯别人。

第八型：霸道—爱

继续按照与上一章相同的性格顺序探讨九型图上方的区域，让我们来看看和纵欲型相关的爱的紊乱。

如果说情感上的漠不关心构成了一种"不去爱"，那么在这里相比较将纵欲的爱视为一种反爱，更为合适的说法是纵欲的吸引。由于被对激烈性的渴望、对性结合的冲动所取代，而非创造了人与人之间亲密结合的载体，某种程度上纵欲之人（正如司汤达对唐璜的评价）将异性视为敌人，只寻求胜利。"唐璜的爱"——莫洛亚反思道——"仿佛是对猎物的品味。它是一种对活力的需求，必须被不同的对象唤醒。"

纵欲型的爱是一种像原始的"唐璜"（即引诱者）原型一样的爱，他将自己的欲望置于他人之上：是一种侵犯、利用、虐待、剥削的爱，同时还是一种要求通过对方的顺从、允许自己被剥削从而得到确认的爱。他会感到接受是困难的，因为他不相信他自己所接受的。正是因为在他愤世嫉俗的立场上，他不相信对方的爱，所以他必须让对方接受考验。他会考验对方的爱，比如让对方失去平衡，观察对方在紧急状态下的表现，或者提出不可能的要求，比如要求痛苦和纵容，以此作为对方是真诚的证明。

除了纵欲之爱过度霸道的面向之外，这类性格还因为对自主性有巨大需求，它会展现某种平行主义式的分离的亲密。由于这类人是那种时刻与世界交战的强硬类型，他们自然也很难在融合的或者相互关联的意义上谈论爱——除非是在外部意义上的。他们在接受他人的爱时会表现得非常恶劣，仿佛这代表了对自己独立性的捍卫。他们拒绝被给予的东西，并否认接受的欲望本身，因为这意味着对他们系统的侵犯，从而会给他们带来脆弱的危险。

八号的伴侣之爱不仅是侵略性的、过度的、专横霸道的，而且也是暴力的。这几乎不会出现特例，毕竟在亲密关系中暴力的性格会最先显露出来。除了惩罚性、苛求和挑衅之外，这种类型也抵制多愁善感：他们寻求一种具体的、不诉诸感情的、看得见摸得着的爱——接触多久，爱就持续多久，一种此时此地的爱，没有承诺也拒绝依赖——因为这些会让他们连接到自己的脆弱感和不安全感。

　　虚情假意的面向既存在于情欲之中，也存在于诱惑之中，有点像是在"购买"他人或在某些情况下的放纵。慈悲之爱是被拒绝的，毕竟他们明显强调的是需要之爱，这二者并不相容。然而，钦慕之爱则会更多地出现，无论这类人是多么地争强好胜，他们都能够强烈地去认可和表达钦慕之情，尤其是在强大的榜样面前。不过，对自己的爱还是最强烈的，对他人的爱则次之，即便他们显然是反社会的人。他们更多与之作对的是规范，而不是特定的人。就冲动而言，第一型和第八型之间并不会表现出很大的区别。一方面，攻击性被高度合理化，并被视为正义事业服务（一号）；另一方面，攻击性同样是被认可的，并且存在着一种将善视为恶的价值观的逆转，反之亦然（八号）。但是对于那些超越了以善的名义理应去做之事的人类联结，社会团结也可能导致复仇的态度，例如呼吁为他人伸张正义，这相当于一旦在自己生命受到威胁时就将正义握在自己的手中。他们对上帝的爱，或者说对理想和对超个人性的爱，是在这三种爱中最弱的。

　　随着我们更加仔细地去观察，纵欲型表面上对自己的爱其实可以被看作一种伪爱。在霸道地、贪得无厌地追求享乐的过程中，这类性格的人会认识到自己最深层次的需求：对爱本身的渴望。得到满足的并不是内在那个正在吃奶的孩子，而是一个高大的青少年，他们设定了一个目标，想要获得曾经在当时给予过他们的东西，慢慢地，他们靠自己索取的力量成了情爱欲望的替代品。

第一型：优越—爱

愤怒和恨的习惯用法很难区分，因为通常人们会把爱的反面称为恨。因此，一号的激情将是一种反爱（anti-love）。但是其表现出来的特征并非我们所描述的八号的暴力、虐待和剥削的"相反的爱"（counter-love）。我们已经讲了一号是怎样善意的性格——在这种意义上，他们不是恨，而是信奉爱。

二号的爱是一种缺乏行动的情感现象，但一号的爱反而是经由缺乏情感的行为和意图所构成的。这是一种几乎没有感情的爱，甚至可以说是强硬的爱，除非强硬的态度被禁止了，或者为了变得柔软而做出有意识的努力从而使这一点看起来不那么明显。

第三型和第一型都是同样具有进攻性的人格，只是在前者身上（有价值的）攻击性无所掩饰，而在后者身上（无价值的）攻击性则被否定，并且在一定程度上被过度补偿，特别是在他们的爱情生活和涉及爱的人际关系和境况中。如果说八号是"坏的"剥削者，要求放纵或共犯关系，那么一号在面对其他人时则是给予者，是慷慨的类型，他们也凭借着这些而感到拥有相应的权利。

然而，他们的攻击性并没有消失，而是转变为苛求和优越感的形式，变成了对他人的支配和控制，类似于霸道性格的支配和控制——只不过在这里，它被伪装成（在主体自己看来）某种非个人原因的正当理由。

基诺的一幅插图解释了那些热衷于正义或完美主义的人（有别于不道德的、纵欲的复仇型）深刻的自我欺骗，他们用假定为无私的、公正的苛求来伪装自己的欲望。正义通常被人格化为一个用绷带蒙住双眼的女人（正义女神），在她面前任何人或物都被一视同仁，插图里的女人只用绷带蒙住一只眼睛（滑稽地让人想到刻板印象里海盗的眼罩），用她那把利剑切着一片火腿。

这里朴素的火腿意象，驳斥了清教徒们清心寡欲的欲望。在卡内蒂所刻画的一位廉洁修女的肖像中，她的嘴只会为言语服务，从未因接受普通凡人所吃的低贱食物而堕落。

因此，肯定欲望的方式就是将之转化为权利；反叛者的权利依靠暴力来维持，这些正义者的权利则倚靠在他们优越的道德准则之上。这种将"我想要"转变为"你应该"的过程也在基诺其他的漫画中有所暗示，漫画中描绘了一位强壮且略显肥胖的女人（作为滑稽版的"正义女神"，切着火腿）和一位坐在高座上的法官。这位法官，由于他的身高和身下座椅的样式，以及地板上的玩具，还有他吃东西时舔嘴唇的动作，使他的形象就像一个孩子。正义的手臂有多么强大也就有多么的无能为力。

把这种爱的紊乱称作"优越—爱",暗示出一种"贬低的爱":他人表面上从这类性格乐善好施的行为中似乎获益良多,但其实被剥夺了道德品质或精神地位。人们在一定程度上被"诋毁",同时又被他们所控制,受制于苛求。

对他人的贬低是通过批评来完成的,这种批评可能是在意识到他人的表现、决定或态度后的明确批评("你做错了这个或那个"或"我不赞成你生活的这个或那个方面"),也可能是在对他人的表现不满意的时候流露出不太明确的批评,因为没有达到完美主义者卓越的理想。

三种爱在这个类型的性格里最占主导地位的是钦慕之爱:对伟大的爱、对理想的爱。对他人的爱排在第二位,因为这是一种以理想为名的爱、一种恪守责任的爱,同时也是一种缺乏温柔的爱,而自爱则处于更下一级的位置,这种爱是无意识的、被否认的。这类性格的道德准则不允许他们有"利己主义的欲望",就如同他们也不允许他人的欲望一样。考虑到他们对自己冲动的过度压抑性控制以及对自己和对他人本能性的禁忌,我们可以说这类性格有一种反生活的态度。无论是对孩子的过度保护之爱,还是对伴侣的占有之爱,这样的人际关系不仅让他们自己丧失了自发性,还剥夺了他人的自发性,对方会感到自己被笼罩在一种无形的压抑氛围中。

这种极其有条件的爱是在苛求一种无法实现的优秀品质,也丧失了自发性。这种爱无法觉知其破坏性，它自封的父母角色也并未起到支持的作用，反而干涉了对方的内在小孩。

第九型：自满—爱

对于九号，我们可以认为他们的爱是一种怠惰的爱，就像一个没有全然活着的人的爱。一种不冷不热的、"半明半暗"的爱，处在这种爱中的人是不完整的。与二号的热情—爱相反，九号的爱可以被描述为一种迟钝的爱。

我们同样也可以说这种爱是一种分心的爱。它愿意在行动的层面付出很多，但是缺乏对他人真实需求的关注。这种对于他人的真实内心缺乏关注让我想到一个具体的例子：有人曾经这样描述过她——一位原本应该名声显赫的分析师："她就像一个保姆。"虽然她给出的是善意的关心，但缺乏深层的沟通、共鸣和热情。九号无疑是最经常送给他人所谓"希腊礼物"的人：一份昂贵的礼物，接受者既不知道该如何处理，也不知道该放在哪里。

九号的母爱甚至可能被认为是一种侵犯。例如，我认识某人，她记得自己因母亲的乳房而窒息的感觉。无论这是一段真实的记忆，还是根据后来甚至现在经历的推断，其中蕴含的信息都是非常重要的。这位女孩也因为她床上厚重的被褥而感到呼吸困难，在这段记忆中，她对母亲的不满情绪似乎已经在她身上结晶了，她的母亲虽然事无巨细地照顾着她，但她不曾感受到亲密意义上的庇护。

这通常就是一种不倾听的爱，却又是一种将其母性的强烈愿望强加在对方身上的爱，或者是将婚姻关系中的克制强加于对方。伍迪·艾伦在他的电影《性爱宝典》中用一个滑稽画面表达了这种情境：一个巨大的乳房在乡村游荡，它一边前进着，一边像加油泵般地喷出乳汁。

慷慨之人的性格几乎可以被认为是第二天性；个体的自我牺牲成了人格架构的一部分，而不再是有意扮演的角色。然而，这是一种比任何其他角色都更加无意识地诱惑人的爱，因为这类人很早就开始觉得有必要放弃自己的利益，以便被他人所接受。也许他们对自己的家庭状况不是很清楚，就好像是被领养的孩子的情况那样，他们觉得自己不配，自己不够格，感到自己可能会失去立足之地。或者他们是十个兄弟姐妹中的第七个，为了被看到和听到，为了能够脱颖而出，他们发现唯一的办法就是不要制造麻烦，除此之外别无他法。换句话说，他们给父母的礼物，就是无视自己的需要、无视自己的挫败感、无视自己的抱怨或诉求。

在很大程度上，适应他人的欲望和需求主要都是透过行为来实现的，九号的爱——就像一号那样——是一种有所行动的爱，其异常的面向可以被描述为没有爱之体验的自我牺牲或善意。无论是在两性关系中，还是在母亲的形象中，这都是一种制度化的爱，被调适成了一种常规的社会角色。

忽视与他人更加亲密的体验，或者对之不感兴趣，可以被理解为由于（在具体的、实际的层面上）过度地顺从他人而报复："被动攻击"。同样的被动攻击也会以其他形式出现，诸如疏忽大意、弗洛伊德式口误、视而不见，甚至是在即便知道会造成破坏性结果的情况下依然自动化地去服从。

当我们从爱的三个基本面向来检视九号对爱的体验时，我们会看到对他人的爱占据了主导地位，而对自己的爱则被认为是最深层的禁忌。对上帝的爱的体验往往不如人类之爱那么明显，但是强烈的宗教倾向有时也许暗示了相反的情况。这类人的宗教倾向通常源于对社会价值观的认同以及对仪轨的爱。这可能是一个既活跃又虔诚的人，尽管如此，他们仍然是"去灵性化的"，因为他们与神性的关联并不意味着对神秘体验的趋近（或兴趣）。

然而，在一部分九号的人身上的确展现出对艺术活动的热爱，这似乎是在物质主义和灵性之间架起了一座桥梁：艺术是一种行为、一种活动（尤其是雕塑或绘画，其作品是具象的），但它仍然是隐含着灵性和情感体验的载体。在翻阅各种传记时，引起我注意的是，不论是政治家还是艺术家，在不同的九号变体中都有发现。似乎有些人是"如假包换"的九号，而另一些人则在内化的艺术作品中找到了与过度务实的生活相抗衡的力量。

在九号中有着大量的"母亲",似乎这些给予者们认同了母亲的角色。虽然他们曾一度缺乏深刻的爱,并且也认命了,不再想去感受它,但是,就仿佛他希望用自己对他人的付出来填补这种缺失那样,他把自己的需要投射到了第三方身上。出离心是利他主义的,他人的需要变成了自己的需要;因此,他人成了自己的替代品,成了自身存在(生命)的替代品。

懒惰的人(尤其是其中的一类副型)确实允许自己用一种特殊的形式来自爱,一种既偏离方向,又曲解颠倒的自爱:舒适—爱。无论投入多少精力去追求舒适,都不过是对真实自爱的替代品,通过舒适、无冲突和柔软来弥补那更深层次的挫败感。酒精、烟草和饮食都是这种舒适—爱的表达形式。就像好交际的巴比特先生和他的大雪茄一样,这些刺激物替代了无法获得的情感。

九号对自己深层需求的无知就正好显示出了他们这种自爱的缺陷,与内在小孩失联,遗失了自发性的玩闹,过早的成熟。在许多情况下,他们都会以非常显而易见的方式承担起责任。

第三型:自恋—爱

每当我问自己,虚荣的爱是什么或者是什么样子时,我都会想起一部关于亨利八世妻子们的老电影中的场景:在刽子手即将砍下她前任丈夫的头颅时，一位情人冲进皇宫的房间，来询问他今晚想让她穿哪件衣服。这一幕凸显出她骇人听闻地断开了与对方最低限度的爱，只因为她完全沉浸在自己的快乐之中。但这里并非存在着一种真正意义上的快乐，而是一种高度去情欲化的欲望产物：对她外表的激情。

事实上虚荣是退化了的爱的产物，这在一个虚荣型女人的梦想中变得尤为明显。在世界大战期间，她只想要有人带她去买一条裙子，这清晰地表明了她对正在发生的任何事情都不感兴趣。在这个场景中，人们会感到她就像一个爱自己的小女孩，并且希望因此而被他人所爱。

这种对于自己形象的担忧通常被称为"自恋"，因此虚荣的爱也可以被称为自恋的爱。然而，"自恋"这个词已经被应用在各种类型的人身上，对衣服、化妆品和个人外表的兴趣仅仅是自恋的表现之一，而这正是第三型的特征。同样常见的还有一个能干之人的自我形象，一个可以有所作为的、才貌双全的人的形象。在对最后一章的主题（关于社会弊病）稍作设想后，我想说的是，对效率的竞争欲望会令一个人丧失爱的能力，也会让来自他人的爱变得无关紧要。

基诺有幅简短的漫画很好地表达了这一点：在第一个场景中，可以看到一个商人坐在他的办公室里阅读福音书中的一段话："骆驼穿过针的眼，比财主进神的国还容易呢！"在下一张图片中，我们看到他致电开罗自然历史博物馆询问骆驼的大小，然后告诉他的秘书打电话给克房伯工业公司……

当我们为了荣耀——只存在于别人眼中的东西——而出卖自己的灵魂时，我们就是自恋者。其中的悖论在于，世人所谓的爱自己（放纵自己的欲望，就像那个只想买条裙子的小女孩）与无法意识到自身价值是共存的。自我欣赏变得依赖于能够被认可、被需要、被区别对待你的观众赏识——或者更确切地说——被大众赏识，变成了一副缓和剂，让人不再体验到空虚感、不再体验到人为造作，包括丧失身份感的感觉。

对形象的关注分散了对自我的关注，同时也有悖于自然和自发性的状态，它要求对自己的行为有良好的控制力。然而，过度的自我控制在爱的能力面前竖起了一道屏障，因为其中暗含了无法臣服。对控制管理的欣赏是如此的强烈，以至于掩盖了对爱的欣赏，爱可能被视为次要于工作和成功的东西，是一些多愁善感的、微不足道的、低级趣味的东西。

还有一种并发症是与伴侣竞争，另一种则是对伴侣或孩子的过度控制，第三种并发症就是难以善待自己，这一点可能会在身体层面上有所体现，有如佐杜洛夫斯基的漫画那样。一个有弹性的、性感的超人，他有无穷的手指，手指的末端是舌头，他具有给予快乐的非凡能力，然而他如此沉浸于这种能力，以至于没有多余的注意力去享受快乐。在这种无法善待自己的背后，是不信任以及害怕被拒绝、害怕陷入空虚。这种表面上很乐观的性格之下潜藏一种绝望,感到自己必须控制一切,必须管理好自己。

对于那些有着自我控制和控制局面的自我形象要求的人来说,爱的欲望可能与允许自己被控制的欲望联系在了一起,这也是理所当然的,因为除非放弃控制和操纵,他们才有可能允许自己被深深地感动。我记得在电影《横扫千军》(*Swept Away*)中看到过这个主题,影片中的女主角接受了来自沉船事故中幸存同伴的支配后,就对他产生了强烈的感情。在爱之中,会涉及牺牲虚荣的时期,然而,此段时期过后,这可能被重新解释为纯粹的受虐狂,如果他们牺牲了自己的形象,却没有得到所渴望的爱时,也会做出同样的解释。

自恋的爱是一种虚假的爱,但是它有别于二号温柔的爱,其表现方式更多的是通过行动而非情感来表达。它会关联到一种在实际层面上更为顺从的态度。然而,三号还是会比一号更加深情一些,人们较少能被感受到一号的仁慈。不过,在面对挫折的时候,这种类型的性格就会开始指责和控诉,并且他们会采取攻击性的受害者的姿态。他们不会像四号那样抗议,毕竟他们几乎不会表达自己的感受,而是通过指责来控诉,去攻击那些让他们受到挫败的人的自尊心。他们在表达愤怒的时候不会有那么明显的失礼,而是会使用精准、犀利、刻薄的话语——最好是当着证人的面。正是在这些时刻,在关系的这个阶段,他们并不真正相信爱的这个事实就显露无遗。即便是他们接收到爱的时候，他们也无法信任它，毕竟，这难道不正是他们诱惑的艺术、他们的外表和炫彩夺目的能力，以及掩盖自身缺陷的结果吗？怀疑——尽管是毫无意识的——滋养了诱惑，而这类性格的人越是沉迷于塑造自己的形象，他们就越会发现自己在看着别人的脸色而活，同时也愈加通过自我控制和培养独立性来保护自己免受他人的伤害。他们的独立性来自对他人的依赖：这是一种权利，确信自己已经变得不可或缺。因此，三号以为的爱就是掌握如何使自己变得不可或缺的方式，于是就在这个同时滋养出了依赖性。

然而，这些塑料般的男女愚弄的只是自己，他们不知道自己的不人道，藉此他们才能够保持着一种仁慈的幻想。他们主导的是有爱的角色，就如同所有主导他们的那些角色一样。由于不知道自己的真实情感，他们很容易把想象中的情感与现实混为一谈。要始终保持这种有爱的角色很困难，毕竟，强烈的取悦激情之下暗含了在面对挫败感的危机时刻无法容忍批评。爱的紊乱的面向也会随之表现出冷漠和攻击性。

对他人的爱被淹没在自我形象之中。一方面，这种爱建立在需要得到对方认可的基础上；另一方面，它是以服务他人的需要为导向的，这反过来又支持了自我形象，也就是说，他人的需要是放在首位的，慷慨是一种诱惑性的策略。

在普遍性的人际关系中，可以说这种类型的性格需要他人，因为他们是经由他人的认可度来体验情感的。他们比大多数人更友好、更外倾，也更多地为了他人而改变自己。他们散发着幸福、善意和适应性，尽管是表面上的。无论是在社会层面还是在情感的关系层面上，我们都可以说这是一种诱惑性的爱，因为他们看起来时时处处都更多地为了他人而存在，而不是为了自己，并且他们利用别人的方式是隐匿的。威廉·M. 萨克雷（William M. Thackeray）在《名利场》（*Vanity Fair*）中塑造的贝基就是这种情况的典型肖像。

虚荣型的性格对上帝的爱倾向于被两种对人类的爱所掩盖：对自己的爱和对他人的爱。这种特征无疑促成了北美文化，乃至整个摩登世界的世俗化。常识和功利主义凌驾于普世价值之上；他们钦慕个人，却无法欣赏抽象或超个人的东西。就灵性道路而言，通常这类性格的人会说："什么道路？"简而言之，这是一类世俗之人，正如乔叟在《坎特伯雷故事集》（*Canterbury Tales*）中所讽刺的优雅、务实的僧侣形象。

第六型：顺从—爱 / 家长式作风—爱

我们最后的主题是恐惧型所对应的爱的紊乱。谈及恐惧就等于谈及不信任，而不信任和爱是互不相容的——因为谈及不信任也就是说感觉到自己面对着一个潜在的敌人，要爱自己的敌人可真不容易。

他们感觉到恐惧，而恐惧会要求自己保持警惕，因此奉献自己也同样令人感到恐惧，有种害怕被欺骗、被征服、被羞辱、被控制的恐惧。这同样会导致自我控制，并且基于一种对保护的过度需求而抑制生命的流动。

然而，与这一切同等重要的是，这种人格类型特有的威权动机会对爱之生活造成染污。我说到"动机"时使用了复数形式，是为了表明在这个术语中既包括了发号施令的激情，也包括了更常见的服从的激情——或者，确切地说是想要拥有可以追随的权威的激情。

虽然我没有在演讲中指出我把这些性格按照原型分析的区分而分成了三种类型，但是就构成这种威权—多疑的类型而言，有必要提一下，因为它将我们的第六型区分出了过度倾向于英雄崇拜的类型，以及倾向于夸张和将自己视为英雄的类型。在前一种情况下，这类性格的人是高度依赖的人，对他们来说，选择的焦虑以及对自己能力的不安全感导致了他们对一个父亲的形象有着过度的需求；在后者中，我们所面对的是那些与自己的父亲竞争（有时是尚在母亲体内的时候）、自居权威的人，在他人面前抬高自己，期望他们从属于自己。前者的焦虑是通过寻找保护者而得到平息，而后者则通过感觉到自己是强大的和被人服从的，从而得到安抚——这可以从一幅希特勒的漫画中看出。他站在一大群人面前,参谋长们簇拥在他的周围,在一个可以看到巨大纳粹标志的体育场里,他开始了他的演讲,说:"我想我可以毫不害怕犯错地说……"

有意思的是,希特勒小时候曾被父亲虐待过,后来却萌生了要给他的国家一位好父亲的意图。极端的例子(如夸张的漫画)能够帮助我们理解非常细微之处,因为许多人在生活中把自己作为父亲献给那些需要权威的人。对于一个喜欢发号施令的人来说,服从是爱的宣言;然而,为了得到听话的孩子,他必须把自己当作一个仁慈的父亲,就像寓言中披着羊皮的狼一样。

不过,父亲的角色并不比儿子的角色更有爱心,大多数怯懦型父亲像弱小的孤儿一样度过了一生,始终在寻求着更强大的人的保护。他们的立场可以被理解为一种钦佩与认可的交换:"接受我作为儿子,我就将报以孝道。"

并不是说心理和身体上的差异不存在,也无关乎特定关系中哪一方做出的某种类型的决策更加正确,而是说大多数人都无法建立起一种平等的、兄弟般的关系,这一点不也是同样很明显吗?这就是在回应恐惧时会产生的爱的紊乱,也就是这些以恐惧为核心的人格类型的特征。正如有些人过分扮演弱小孤儿的角色寻求保护,另一些人则过于有着"家长作风"。一种是凭借无害性来诱惑,另一种则是通过提供指导和他们对某些真理的知识来诱惑。因此，我们在这里讨论的是一个以事实说话且好为人师的父亲，他们想要的是一致性、忠诚以及服从，这不仅仅表现在行为上，也表现在他们看待事物的方式上。

除了不信任，或者是出于义务感或责任的压力而过度奉献自己的这个问题之外，还存在着矛盾心理的问题。爱与恨、信任与不信任、主导与服从以及对真正的感受或者对正确态度的持续性质疑同时共存。

我认为，当弗洛伊德把成熟定义为摆脱婴儿期的矛盾心理时，他表达的一些东西，虽然尤其能够描述六号的处境，但同时也是放之四海皆准的道理。对于六号来说，设法去爱就意味着抛开恨意——那些固化于幻觉世界中的在敌对情形下的恨意。

在恐惧型性格的矛盾世界里，除了存在着侵略性之外，爱还加重了他们的控诉特征，这很有可能会演变成为拷问官的模样。

当人们处于自我谴责的状态时，对自己的爱就无从谈起，而这正是六号的心理特征。在这种心理中，缺乏对个体内在小孩的爱，其表现更多的是站在控制的立场上——以责任的名义——而多过于源自欲望。可以说，恐惧型控诉般地妖魔化自己：一个内心的恶魔指着外面，声称"那就是魔鬼"，自发性和身体是被首要控诉的对象。一切都必须经过有意的控制，六号似乎暗暗地认为，（用弗洛伊德的话来说）一个人内心深处丑陋的、释放出来的"本我"将会是一个可怕的东西，与文明生活无法相容。

就伴侣关系和社会世界而言，恐惧和攻击性不断地交替出现。这类人害怕自发性，就好像它是一种攻击性，但其实压抑才会产生真正的攻击性。毫无疑问，我们世界上的攻击性行为的总和一定程度上都能反映出六号这种藏头亢脑的状态。

关于爱上帝高于一切的诫命，相比他们在面对另外两种爱时的失败，似乎六号在这方面的罪并不严重。他们对理想世界有一种宗教倾向、一种原型倾向，有时候会成为行动世界中勇气的替代品，这就像纳斯鲁丁的故事中所暗示的那样，当一个裁缝需要在某个日期之前做好衣服时，他会说"如果上帝愿意的话"。顾客回答说："如果不考虑上帝的话，什么时候可以做好呢？"宗教性也取代了人际关系之间的情感面向——想想这么多纳粹分子对他们的神话、经典和伟大音乐的热爱，以及他们"我的上帝比你的上帝更伟大，我的文化比你的文化更伟大"或者"我比你更接近伟大"的态度。

因为这些人觉得自己更加靠近他们的神，继而就把自己当作了神，这其中有某种幻想的激情，同时这也属于偏执妄想系统的组成部分。对爱的追求转变为对权力的渴望，反过来又是一种认同于强大的父亲形象的渴望。卡内蒂笔下的一个人物很好地描绘了这点，他顶着一头蓬乱的头发，咆哮着，仿佛那是从西奈山发出的。[①]

[①] 埃利亚斯·卡内蒂.《耳证人：五十个角色》.慕尼黑：卡尔·汉瑟出版社, 1979.

他以一种父权主义的形式，希望迷惑他人，将他把《圣经》中的真理强加在他人身上的激情解读为对他人的爱（他自己当然也是被迷惑的）。对意识形态或对类似神的人物的爱被视作接近对上帝的爱，但这是一种代入性的自恋，就像一个孩子对另一个同龄孩子说"我爸爸比你爸爸大，看看我爸爸有多大"。

虽然一般来说，我并不认为自己是一个特别严厉的人，但是在我作为治疗师的角色中以及在我每次谈论或撰写与九型人格相关的内容的时候，我通常都是很严厉的。在本书前言的结尾，我曾经提到过你们会发现这本书显得很严厉，我暗指的就是这一章。我希望我的一些读者拥有"强大的肠胃功能（指承受能力）"。借用一条来自北美的，对我前一本致力于九型人格心理学的书籍的评论：

这是一次拆除。你会内心翻腾，你会哭泣，但倘若你有一丝诚恳，你就不会停止找寻。他的描述太接近内在隐秘的东西了。证据很充分，精准的事实也堆积如山……你无处可逃，你无处可藏：他说的就是你……这不是一条适合肠胃虚弱（指承受能力差）的人的路。但是，又有谁说过转变会是容易的？

第四章

九型视角下的世界弊病

一幅关于社会的九型图

在标题中,我使用了"世界的弊病"而不是"社会病理学",因为相比学术性的表达,我更喜欢通俗一点的说法。就我的目标而言,在这种时候平常的语言具有一些专业术语所没有的优点:尽管"病"这个词最初可能会唤起"疾病"的含义,但是在其中仍然保留着一种道德层面上的意义。

把社会功能失调称为一种疾病,是为了用看待一个有机体的视角来看待这个社会,并用现代系统科学的形式来描述这个有机体的特征。正如在一般情况下,构成一套系统的元素和功能会在不同的层次上都有所体现,我们可以认为,个体的病理性也会有其相对应的社会病理性,个体的"原罪"也对应于我们这个生存在地球上的人类物种的某些基本弊病。如果从个体层面上来看,心理弊病也许会被视作阻碍个人潜力实现的限制,那么我们也可以将世界的基本弊病定义为对人类潜能有所干扰的社会现象的基本形式。

《世界问题和人类潜能百科全书》（*Encyclopedia of World Problems and Human Potential*）中列出了8000多种人类问题。在这些形形色色的问题中，当今的未来学家们想要探寻其中的核心，试图辨别出一个"元问题"——也就是在多重的、相互关联的表现形式背后，一套统一的问题集合。在这两个层次之间——成千上万的具体问题与核心问题之间——可以看出我所建议的分析层次，这是一份邀请：通过"文明"生活来考量关于社会的九种主要的或基本的畸变。

很明显，在集体层面的进程和制度与个体层面的心理过程之间能够找到彼此呼应的地方，以至于曾经一度流行过研究"文化与人格"的专业。我即将于下文中论述的在九型图视角下的社会畸变也属于这个领域。社会学家们曾反对"心理主义"的解释，认为这类解释的观点强调了个体作为构成社会元素的因果关系，而没有充分关注社会因素对个体心理产生影响的因果关系。

尽管从基础元素到复杂性之间的层次结构有所不同，但是有机体的不同层次之间明显存在着一种循环关系。除此之外，在不同层级的模式之间，也可以清晰地识别出其同质性或平行性，借此，我们能够直觉性地理解到各种"爱的弊病"的体验与社会元问题之间是相互关联的。通过对这些元问题的分析，我也许能够发展出一个可以被称为"社会九型图"的概念。

威权主义

我将从九型图的中心三角形开始，它在个人心理层面上对应于怯懦型。恐惧是一种普遍性的情感，但是当它支配一个人的性格时，它就与一种过度等级化的世界观有关。恐惧与权威有很大的关系，因为在我们小时候，起初的痛苦就来于那些围绕在身边的巨人：我们的父母。最重要的是，在大多数家庭中，父亲的形象都是权威的象征——抑或是权威的执行者——出于这个原因，恐惧会导致一个人的优越感/自卑感的关联倾向。因此，正是这种恐惧的激情在社会世界中导致了专横上司和卑微下属的存在。

正如一个具有不信任性格的人会尤其剧烈地体验到自己的内心始终处于暴君和奴隶、原告和被告、迫害者和被迫害者、责备者和被责备者之间的挣扎中，在社会之中我们也是以这种形式运作的。不难理解，如果四处都是容易受到恐吓的性格，这对建立威权主义的等级制度是有利的。反之亦然，可以认为威权主义的社会同样促进了恐惧型性格的发展。在我们当今的社会中，最具威权主义的等级制度自然是在军队里，军队也是对这种性格类型最具吸引力的。在过去的时代，教会比今天更加具有威权。（曾几何时，教会比帝国还要强大得多，那个时候西方世界里最有权势的人也是教皇。）

这种等级观念意味着个人过度地服从权威，当一种放弃自身权威的过度倾向出现时（或者换句话说，当一个人没有能力为自己树立权威时），就会出现过度服从的倾向，过分强调孩子的规划性有赖于一个强大的父亲，这意味着整个民族都特别渴望高举和追随某个有指挥激情的人。

　　最臭名昭著的例子自然是德国纳粹。六号在德国人中占据着主导地位，尤其是这种恐惧型的、有秩序的性格，他们具有强烈的责任感，既是理想主义者，也是将权威理想化的人，他们害怕犯错误，同时又渴望成功。这类性格的人希望别人用某种特定的方式来与他们交谈，以便让他们感到对方是通晓的、正确的。我们知道，狂热分子的典型论述恰巧就是这样的。说来也怪，纳粹正是对犹太人民的一种漫画式的讽刺，某种程度上德国人从他们羡慕、嫉妒、憎恨的敌人那里借用了"被选中的民族"这一概念。反映纳粹世界的电影有很多，相关的书籍也很多，仿佛有一种我们仍然在消化这些内容的感觉，仿佛我们仍然需要从中吸取教训，一个似乎是几十年前就已经接受过的教训，也借此让我们能够将威权主义抛在一边。我们觉得自己已经准备好了不会再陷入民族主义的歧途，但是事实似乎并非如此。恰恰相反，威权主义在世界上再次得到了确认，民族主义在世界各地争权夺势。

　　尽管那些觉得自己注定要扮演救世主角色的人通过为理想而

牺牲，他们的预言信仰与激进的民族主义之间存在着巨大的差异，对民族主义来说，爱国主义或民族价值观的提升构成了权力的前提，但我认为恐惧一直以来都是核心架构，不仅仅对当代欧洲德意志民族的核心来说是如此，对西方基督教文化和古代犹太文化来说也是如此。基督教文化的伟大批评家尼采曾经说过，我们的道德是奴隶的道德——让我们能够忍受压迫的，正是一种被压迫的正当性。我们不像古希腊人那样重视勇气，我们重视谦卑、重视服从、重视"表现良好"，因为这正是权威们想要的。

我所讨论的社会病理学在术语中被称为"威权主义"。威权主义在个体身上表现为一系列诸如服从上级、攻击下属（就是常被引用的"啄食顺序"）的特征。在人类的等级制度中，人们受到上级阶层的攻击，而怨恨则发泄在下级阶层或群体之外的人身上，发泄在"替罪羊"身上。

我曾经看过一幅漫画：一个人正在看电视节目，电视里菲德尔·卡斯特罗正在对着群众发表讲话。观众换了台，另一位领导人出现了，正在对着群众发表激昂的讲话。最后，他关掉电视，开始咄咄逼人地对他的狗讲话。同样的情况一代代重演：人们在孩子身上滥用权威，威权主义的特征也以这样的方式延续着。

这是威权主义最明显的一面——命令和被命令，疏离自己的权力，把太多的权力交给别人，依赖伪父母的形象（如扮演父母角色的"老板"），在被父母认可的慈爱中寻求保护，期待得到这种慈爱，父母也摆出一副仁慈的模样，以便能够更好地利用和控制。许多人认为，如果没有家庭这一父权制组织、这一微观政府形式的支持，那么联邦政府就不会存在了。权威关系最内在的一面在于使用控诉、归咎。我们都知道，纵观历史，人们一直在地狱的威胁下安分守己。"你是什么样的人呢？一位父亲是不会那样说话的！""这简直是对祖国的背叛！"……所有的指控都是基于一种意识形态。

显而易见的事实是，意识形态正在消亡，它们正处于弥留的阵痛中。许多人都述说过这一点。马克思或许是第一个指出这一点的人，他向我们展示了意识形态作为操控工具的作用，此后又有许多人紧随其后：奥威尔、曼海姆、马尔库塞……尽管如今很难找到对某些东西有信仰的人，这是一种反常现象，但是我们内在仍潜藏一种共同的意识形态，即：制度是有作用的，并且是合法的。例如，很少有人会假设主权国家，即政府是值得质疑的，或者可能会存在更好的共存形式。不久之前，仅仅因为马克思质疑国家的必要性和良善性，人们就被禁止成为马克思主义者。马克思最精彩的部分恰恰在于这种质疑，他真正的遗产并非他所提供的解决方案而在于开展对替代方案的探寻。在这一点上，他与弗洛伊德有相似之处，弗洛伊德对我们的文化历史产生深远影响，是因为他指出了某些运作不良的东西，不过他所提出的理论现在已经被高度修改，正统的弗洛伊德主义者在当今时代所剩无几。

认为一切都相对正常，事情正在尽可能地完成，这种潜在的意识形态忽略了这样一个事实，即存在着一个无形的权力架构，以及太多的人都对改变现状没有兴趣。我们都觉得自己是民主世界的一部分，但其实当年的希腊人远远比我们更民主。虽然那时奴隶制仍然存在，但是每个公民都能参加集会、都有报酬，参与讨论也是一种义务。决策是由"民有民治的政府"做出的，隐含着一切都是自治的信念。我们如今生活在一种杜撰出来的自由中（这也是一种意识形态），我们认为自己是自由的，因为我们可以在一个候选人和另一个候选人之间做出选择，而这种行为往往被证明是无关紧要的。

当然，目前的情况无法与伽利略的时代相提并论，那时人们的信仰来自教会的命令。借此，我只想阐明，统帅并非完全由武力决定，归根结底其本质还是权威本身。设立权威是一门完整的艺术、一门自证合法的艺术、一门诉诸合法的原则并让我们循规蹈矩的艺术。这门艺术让别人觉得自己像个孩子，这样他们就会把我们当作聪明、善良的父母。

综上所述，我试图解释被称为威权主义的社会病理学，其原型机构就是国家。

重商主义

现在，让我们来看看三角形的另一个底角，即三号点位，它在个体性格中与虚荣、荣耀、闪光以及外表有关，致使个体对竞争和出人头地产生了强烈的兴趣。在社会层面上，很明显我们生活在一个竞争激烈的世界里——在一场"你死我活的竞争"中——为了追求某些东西，我们的速度越来越快。想想工业界、企业界、还有商业界。这类体系得以建立的基础就在于如果你赶不上别人的速度，你就无法生存。这种形式的体系得以运作的固有因素就是竞争力，因此我们没有时间做任何其他事情：没有时间生活，所有时间都要花在追求某些东西上，我们没有时间成长，没有时间呼吸，没有时间滋养自己。

据说，我们已经经历了数千年的历程。然而，不久前，我读到一位见多识广的人类学家的反思，他说大多数原始部落每天大约有三个小时用于生存活动。我们认为，原始人过着非常艰苦的生活，因为他们不得不狩猎，也因此不断地冒着生命危险，而我们过着优越的生活，我们有各种商店，我们有伟大的发明——金钱。但是，每天只花三个小时专注于狩猎，相比于今天坐在办公桌前八个小时进行毫无个人意义的活动，或者在一个无比不健康和无美观可谈的环境中擦着玻璃窗户，原始部落的他们比当今社会中的许多人都过得更好。

第四章
九型视角下的世界弊病

这个世界的特征之一就是竞相追逐成功,不仅追求个人层面的成功,也追求在特定群体中的社会地位层面的成功。但虚荣型人格的另一个面向也开始变得病态:为了虚构的、与生活无关的价值而活。显然,许多价值是内在的。呼吸之所以有价值,并不是因为有人告诉过你这样做是有价值的;如果一个人专注于呼吸,这项活动会让人感到轻松愉悦。同样,没有必要向任何人证明吃饭的价值。美学价值、真正的文化价值,它们并非是因为一个人想向他人展示自己知道些什么而存在的:它们是一种更加精微的食物。然而,我们有为这样的价值而活着吗?

有些人主要是为了借来的价值观而活着,比如莫里哀(Molière)笔下的《贵人迷》(*Bourgeois Gentilhomme*)。在渴望成为他人期待自己成为的那个人的驱使下,他们不辞辛苦地去追求别人拥有的东西,按照最新的时尚来打扮和思考。这对获利的动机产生了影响,正如凡勃伦(Veblen)在谈到"炫耀性消费"(即财富是炫耀胜利的一部分)时所说的那样。此外,市场上有些东西的价值,相较于它本身的实用价值而言,其实都是虚设的。无论我们的个性如何,这都是当代生活的一个事实:市场吞噬了我们,对金钱的爱——就像癌细胞似的——争夺着我们对他人、对自己以及对最高价值的爱。

我们讨论的重商主义毫无疑问要被视为世界的弊病之一。在基诺最新的画册中,他没有使用任何文字,却很好地解释了重商主义：在公共广场上可以看到一个非常重要的纪念碑，石台之上高高耸立着一根柱子，柱子上挂了一把巨大的锁——就像挂在所有大门上的锁一样。纪念碑的周围，可以看到所有酒店公司的代表，仿佛在向他们的英雄致敬。老板来了，经理也来了，甚至还有拿着吸尘器的女佣也统统都来了。这个场面可以与许多事情有关，唯独不会让人想到酒店，但这一切的意义又是什么呢？在我们如今的世界里，畅销的就是被崇拜的。价值观被扭曲了。我们的生活偏离了对艺术的爱、对上帝的爱、对本质上的真实事物的爱、对人们的爱、对自己的爱、对家庭的爱。

"金钱先生是一位有权有势的绅士"，他雇佣了我们，接管了我们全部的精力。

维持现状的惰性

看到了威权主义和重商主义两种社会弊病后，根据应用于我们集体生活问题的九型图，第三个尖角所指代的社会功能失调的基石又会是什么呢？

我说过，在个体层面上，三角形上方的顶点可以被看作一种走向自动化、机械化、断开连接的倾向，像机器人一般在世界上行走，把人变成了惯性的产物。生命没有被创造性地活出来，生活也不再是严格意义上的生活,而是一个人在随波逐流,并且屈服于内在的麻木。

有谁不认为自己内在是麻木的呢?我认为这是世界上最普遍的弊病之一,但也存在着一个性格学上的问题:有些人只是在这一特定的存在感层面,太惰性、太讨好、太舒适、太盲目,而在其他感知层面上并没有那么糟糕。

在社会层面上,这对应于维持现状;在个体层面上,我们发现自己面临着一种固化的特质,仿佛变得像机器人一般,失去了进化的能力。但其实社会也同样失去了进化的能力。我们被过度制度化了,而所有制度的一个特点就是僵化。当一条制度尚且新鲜时,它会发挥其作用。若干年后到了第二代,它便开始自动化地行事,脱离了最初的目标。到了一定的时候,它就变为了一条纯粹的制度。什么都没有改变,但是我们却感受到一种麻痹的力量,一种迟滞的因素。

教育可以作为一个例子。可以看得出世界上的体制教育似乎都有着良好的意愿。人们对此进行了很多的思考,召开了无数次会议,讨论了如何进行改革,也投入了大量的资金……但是几乎所有参与这项事业的人们都"精疲力竭"或一蹶不振。他们感到什么也没有发生,做不了什么真正的事情,因为体制的惰性是如此之强大。这也许被认为是与世界上其他弊病无关的,但事实并非如此,因为它正好就是一个发育器官的问题:机构是从根本上负责发展的。教育是为了促进个体发展，当这一过程未能发挥其功能时，它就彻底失败了，它被完全不同的东西所占据：心灵不曾被教育，人们不曾被教育去如何生活、不曾被引导去成为他们自己，而精神——我们的本质——不曾得到发展。没有人对此质疑。如果我们开始讨论这个主题，就会明白教育如何被变成了大而无用之物、一个固化的机构。为什么？因为它规模庞大，而且高度官僚化。

主权政府和威权主义有什么关联，企业（尤其是跨国企业，它们现在比政府更有权力，因为政府没有钱就寸步难行）和重商主义有什么关联，官僚主义和惰性的力量又有什么关联？例如，我们知道，一切暴政都被包裹在庞大的官僚机构中，这些机构有助于稳定它们。

但这并不是说官僚主义、市场、政府在本质上是功能失调的，而是它们在外在呈现上具体化了真正的病症：过度管制、过度商业化、过度组织。他们说，上帝创世时，他看这是好的，魔鬼走过来，告诉他："嘿，我们为什么不把它制度化呢？"

正如科幻小说中的某些机器一样，成为目的的工具变成了累赘。"摆脱人类控制的机器"这个主题已经被广泛地开发了，这也是理所当然的，因为我们感到世界正在变得失控。我们应该把人口过剩看作当今世界的头号问题。所有其他的问题——正义、不平等、暴力——都在恶化，因为我们并不完全适合生活在地球表面。人口增长的速度与日俱增，而在世界上的大部分地区，没有人能阻止这一趋势。也许没有什么更能以如此典范般的方式揭示出我们创造的过度组织化、过度理性化和过度管制的世界是如何脱离我们的控制的。我认为，一旦我们能够对自己有所掌控，这必将会在我们的社会生活中有所反映，也许我们会渴望一种更加具有自发性的集体。

压　抑

我所指出的这三种弊病——威权主义、重商主义和过度的循规蹈矩——都解释了许多事情，但让我们再看看其他方面。在个体问题的层面上，九型图的一号点位——位于三角形上方顶点的右侧——代表了被称为"完美主义"的神经症面向，所有性格都或多或少地受其影响。我们要求自己以某种方式存在，而不顾我们对这种要求的反抗。我们缺乏一定程度的自我接纳，不允许自己自然地或自发地表现。我们生活的方式与内心的本性及其生命本身的智慧断开了连接。

我在前面提到过泰奥弗拉斯托斯所描述的寡头政治家性格，其中隐含了许多政治含义。泰奥弗拉斯托斯曾经讽刺道，寡头政治家对一位同事说："听着，我们这些更了解人民的人，必须控制人民的事宜。"这表达出一种生活中的优越地位，这种性格的人不但自视优越，而且会"贬低"他人——这是一种高度道德的性格，他们从道德上的优越感出发，判断别人是不道德的、是堕落的，也许应该被送进监狱；或者说，他们自认为有权利"教育"他人，如果对方拒绝接受教育，他们可能会决定用文明的权杖猛击他们的头。十字军（及其对手）就是一个很好的例子，他们坚持去教育无信仰者和异教徒，让他们皈依真正的宗教。"赞美归于上帝，法槌归于他们"，我们可以套用西班牙语的诗句"上帝保佑你和你的法槌（A Dios rogando y con el mazo dando）"，正如许多在战争中发生的历史事实那样——以宗教的名义进行侵略。

这是与文明开化密不可分的一个面向。当我们说我们是"文明"的人时，意味着我们是有某种尊严、某种文化修养、某种心理或精神进化、某种品质的人。我们认为自己是文明的，而不是野蛮的、不是原始的。但事实真的如此吗？到目前为止，文明人已然证明了自己是最具破坏性的动物。倘若我们没有意识到这一点，那是因为我们理想化了自己，将我们的权力意志重新解释为值得赞扬的特权，就像寡头政治家或贵族性格一样。

显然，贵族性格充分实现了其功能：具体显化了贵族阶级、贵族特权，并将这种尊卑贵贱的关系投射到了世界上，以正义之名行非正义之实。这不仅仅是特权的问题：正是压抑在保护着这些特权。

当压抑这个词用在社会意义上时，它的含义与心理意义上的含义不同。精神分析把不想看到某些事物称为压抑，但是当我们谈论压抑或禁绝的文化或社会时，我们指的是这样一个事实，即"那些知道的人"、有道德的人、善良的人，告诉别人该做什么和不该做什么。关于这一点，还有另一桩轶事：前段时间我在马德里的一家书店里发现了一本关于"压抑人性的文明"的厚厚的书，作者是西班牙萨拉戈萨大学的一位法学教授。我买下了它，心想："让我看看他写了些什么，他称为压抑人性的文明是哪一种文明。"这本书从原始文明开始，接着是埃及和巴比伦文明，然后是我们所知道的所有其他文明，没有一个被排除在外！事实上，它们都是压抑人性的。压抑是社会的一个器官，也是我们的进化论，一种病态的进化。

压抑的夸张形式可以从现代政府中与犯罪相关的庞大司法系统和警察系统中看出。如今在美国，"监狱危机"正在变得显而易见。监狱里关的人太多了，公共预算已经无力支付其开销，更重要的是，人们认识到这个系统对于大多数人而言根本没有任何好处。如果我们所追求的是人类的改变和进步，那我们就必须考虑到，与外界的好人接触会更容易促成它。我们知道，监狱更像是犯罪的"温床"。监狱里集中了问题最严重的人，因此恶化的状况以惊人的速度在增加。

监狱存在的唯一合理性在于保护社会免受某些高度危险人物的伤害，但是监狱里大多数人并非如此危险。美国监狱里的许多人都进入了毒品的人造天堂，他们并没有犯下滔天大罪，比如，只是类似买了一点大麻这样的罪行。然而对于像美国这样的文化来说，这是一种重大罪行，因为如果允许的话，"这会导致什么后果？开始只是大麻，以后肯定会成为碎尸案凶手……你不知道在意识模糊的情况下会发生什么"。对恐惧缺乏控制是一种非常北美化的现象，但是它也构成了西方社会的一部分——明显的反酒神文化以及几乎没有臣服的能力。虽然在基督教中葡萄酒的象征是希望让我们联想到在向更高等的力量臣服时所产生的一种心醉神迷的状态，但是一个充斥着禁令和苛求的文化很难提倡这种臣服的能力。

过度控制和过度监管的社会是自我延续的。越是将某些事情定为犯罪，越是在说"你是坏人"，就会有越来越多的"坏人"出现，从而给社会带来更大的问题。我们过分文明的社会，它给人们的压力实在太大了，"你必须做我告诉你做的事""你必须是一个好公民""你必须是爱国的"，这些反而滋生了反叛和犯罪。

第四章
九型视角下的世界弊病

暴力与剥削

反社会性格是一种更常见的性格——我们可以简单地称之为反叛者——之最极端的形式。我们已经谈到了纵欲型：激烈的人、暴力的人，他们无法承受挫折，要求即刻的满足。这类人相信事在人为，把正义掌握在自己手中，相信个人复仇，而不是把权力授予机构。

当我们想到墨西哥文化，那种大男子主义和枪炮主义，这种惩罚性的特征在集体层面上就变得相当明显了。墨西哥从两个方面继承了这一特征：来自蒙特祖马（Moctezuma）和来自荷南·科尔蒂斯（Hernán Cortés），来自嗜血的阿兹特克人和那些对他们肆意践踏的征服者。这类如此强烈、如此极端、如此激烈的性格，在世界上有两种表现形式：一种是反社会的表现本身，这似乎不能算是"社会的弊病"，而是反社会的属性：犯罪。我觉得，这种公开或明确的暴力罪行是一种相对较小的恶：它是社会控制所能触及的边界标志。仍然有人摆脱了这种控制，有人不遵从规则。因此，谋杀、抢劫、强奸、恐怖行为仍旧时常发生。然而，所有这些还是无法与重商主义、专制主义、维持现状或压抑等所构成的问题相提并论。反社会的第二种表现形式，看起来似乎更温和，即披着社会性的外衣进行剥削的暴力，在机构的掩护下隐秘或明确地利用权力进行剥削。尽管权势集团与反社会之间的共生关系在军事—产业—国家的复合体中仍然回响着，但我还是想用一个遥远过去的情境来做解释说明。

有一种理论认为，暴力是我们人类种族出现男性至上的起源。在对许多民族进行研究之后，我们可以重构出这样一个发展过程：一些民族逐渐定居下来，开始播种、收获，并有农业盈余可以储存，因此不再需要为了每日的生活而奔波劳作。人类学家肯定地说，农业盈余部分的分配导致需要有人承担分配者的职能，那么原始的分配者就是最古老的酋长。但是，仅仅有分配是不够的。公共财政是一些必须加以看管的事物，暴徒会围绕在酋长身边，以履行他们监管的职能。不难想象，在一个以酋长为中心的文化中，具有侵略性的酋长是很重要的，他们可能会产生去邻村掠夺一些食物的想法，尤其是在受到冒犯的情况下，不过也会出于喜欢战斗和展示力量的群体精神。当然，当被持相同观点的邻里袭击的危险存在时，卫兵队伍就必须得到加强……这也就是军队的起源。

美国人类学家马文·哈里斯（Marvin Harris）收集了大量关于不同文化的资料，他引用了一位土著的话——我认为是来自波利尼西亚文化——与古代酋长的绰号遥呼相应："屠杀人和猪的伟大屠夫"。这个表达暗示了一种思维方式：人和动物的牺牲或多或少是一回事，这种思维模式属于那些以杀戮为生的人，那些硬汉。也许正是这种原始思维的发展导致了随后历史上众所周知的无数暴行。

第四章
九型视角下的世界弊病

如今，有些历史学家认为奴隶制最初是对女性的奴役，因为当一个村庄被洗劫后，一切都被夷为平地，男人都被杀害了，但是最好的被抢走了：女人，负责家务和生育的女仆。这就是那些彪悍硬汉的态度。当然，后来他们想到，他们也可以奴役男人。

我要说的是，这种性格——虐待狂、强硬、反社会倾向——在很大程度上决定了我们文明中男性的主导地位。这随之带来了大量的问题：首先是个体心理的内在失衡，压抑情感和压抑理性，以及对那些表面上看起来与男子气概毫无关系的事物产生了影响，但其实这只是依靠我们大脑中男性的分析性半脑来随之生活的结果。

我讨论"体制"是如何以力量为基础的时候讲到了古代时期。但是，当今的权力并不掌握在肌肉发达的暴徒手中，当我们拥有了大炮和导弹，当我们大规模地学习自我脱敏时，我们就不再需要这些不知痛痒的家伙了。我们不再需要有着虐待狂性格的将军，毕竟杀戮早已司空见惯。

监管也是文明的器官，军事器官是文明的架构所固有的，但我们没有注意到它已经在以一种癌症的方式生长。在 1920 年，北美的军事预算是生产总值的 1%，到 1995 年已经超过了 50%[①]。为了防御那些有可能会砍掉我们脑袋的野蛮人需要耗费那么多吗？这在很大程度上解释了当代社会生活中的许多苦难和麻烦。

---

① 编者注：原著未给出此数值的出处。该数值不合常理，有显示相关数值约为 3.9%。

尽管科技发达，生产力和自动化程度都在提高，农业也得到了改善，自然资源的开发利用也达到了极限，但由于人力资源被转用于维持军队和制造武器，饥饿和贫困仍然存在。

依　　赖

我们已经讲了社会九型图的一大半。现在让我们看看图形的下半部分，四号点位。在个体层面，这是关于每个人内心的嫉妒：那种有所不足的感觉，强烈渴望某种在外面的、自己并不拥有的东西，一种"给我、给我"的感觉、一种挫败感。显然，这在集体层面上也存在着。一位德国社会学家——赫尔穆特·舍克（Helmet Schoeck）[①]——写了一本关于嫉妒的书，他提出，嫉妒推动世界这一说法的真实程度不亚于——如弗洛伊德所说的——"力比多推动世界"。哪一个更能够诠释社会，是性还是竞争，那种渴望拥有他人所拥有的东西的欲望，这是个值得推敲的问题。

就像那些有着强烈嫉妒激情的人，他们通常在放弃某种需求的同时又在强烈地渴望着自己所放弃的东西，从而会感到怨恨。在集体层面上，有一些群体由于自身性格倾向于屈服，所以会比

---

① 赫尔穆特·舍克（Helmet Schoeck）的论文《嫉妒：社会行为理论》，1987年经自由基金出版于印第安纳波利斯。

第四章
九型视角下的世界弊病

其他群体更受压迫,尽管他们所怀有的怨恨与所遭受的压迫成正比。

世界的一半形成了压迫体系,而另一半则是被压迫体系,这同样是社会的一个有机组成部分,它与人类个性中的强迫性屈从有关。这一特点在女性身上表现得更为明显,她们会向对方说"阿门"。因此,阿里斯托芬(Aristophanes,古希腊早期喜剧代表作家、诗人)在一部名为《吕西斯特拉忒》(*Lysistrata*)的戏剧中,设想女性能够达成一致,拒绝与丈夫发生性关系,从而避免战争。难道女性对我们每个家庭贡献的重要程度还不足以引发一场可能对世界运转产生影响的全球性罢工吗?我想说女权主义者已经暗自接受了这一理念,也正是这一理念推动了女性去承担政治职能。我们也许能够指望女性的敏感和她们的思维模式逐渐在世界事务的运作中有所反映。全世界范围的被过度压迫的女性们决定要抗议、要呐喊并要求她们的权利,这已然成了事实,这会是一个具有巨大社会影响的大规模现象。

认为被压迫者和压迫者都同样该受谴责是不公正的,或者认为被践踏者和那些粗暴对待他们的人同样有罪也是不公正的。但是如今,在北美的世界里,"相互依存"这个词被频繁提及,既指那些性格有缺陷且过度依赖剥削者的人,也指那些依赖于愿意被剥削的人的剥削者。换句话说,在社会语境中依赖性是彼此相关的,而并不仅仅是属于个体层面的问题,这需要让每个人都逐渐变得更加自主。从某种意义上说,治愈——即个体进化——意味着从过度依赖的状态转变为更加自主的状态。倘若我们能够在更大的规模上实现这一点,那么我们将拥有一个剥削性更少的社会。

不合群与失范

紧挨着四号点位,五号点位对应的性格更加接近于被剥削者而不是剥削者:有"精神分裂型"的性格的人,是那些"看起来好像连黄油都不会在他们嘴里融化的人"(形容过于矜持),是没有生机的人。这是一个无力的性格,意思是他们少有作为,他们没有太多推动的能力。这些人在面对任何努力时都觉得不值得,"这对我来说行不通"。在社会层面上,这种无力感导致事物保持原样。我来自智利这个国家,在那里这种性格十分常见,也导致了停滞不前。人们不敢担负承诺,因为他们觉得这不会带来任何的成果。

什么样的社会病理学会与这种仿佛并不存在于这个世界中的处世形式有关呢?那些感觉自己并不在这里的人、那些世界的旁观者、一群等待表演结束的外星物种,在社会学上呈现的是 E. 迪尔凯姆(E. Durkheim)在其关于自杀的研究中所称的"失范":当一个人过度脱离社会,以至于他们失去生活的意义时,就会出现这种情况。这在乞丐和离群索居的人群中很常见，由于他们与社会没有足够的联系，从而失去了自己的价值体系；价值观总是需要一种关联，需要通过与世界的接触来得到滋养，需要通过与他人的互动来维持，否则，它们就会衰退。然后，那个身处世间却不属于这个世界的人开始感到："到底是为了什么？我不相信任何东西，一切都无所谓，生活没有意义。"

我们生活在一个无意义感神经症泛滥的时代。许多人因此而受苦，而这种现象在古代是不存在的，或者至少不那么明显。存在主义者维克多·弗兰克尔（Viktor Frankl）发明了"无意义感神经症"这个词。这是一个新兴的概念，在此之前没有人会想到那么多人会遭受这种痛苦。今天，这种弊病几乎影响到了每一个人，因为即使是社交广泛的人也只会拥有相对浅薄的社交能力，他们与精神分裂型的性格一样体验着一种私密的孤独感。我们正在失去与邻里的关系；我们不再像古人那样生活在家庭关系里；我们不再有其他时代的那种集体观念，不再有从前那样的公共生活；我们更加孤立，更加个人主义；让我们变得更加空虚的程度已经使我们失去了意义感。摩登世界是冷漠的、科技化的、机械的和抽象的。电影《奇爱博士》（*Dr. Strange love*）很好地讽刺了所有这些社会弊病，影片中彼得·塞勒斯（Peter Sellers）饰演的疯狂教授即将按下按钮摧毁世界。这是一种完全理性和冷漠的心智，正如我们这个世界，一天更比一天的漠不关心。

腐败与轻忽的态度

我们还剩下另外两类性格在社会上的投射。七号的性格看上去不像其他型号那样受苦,这是一种快乐的性格、拥有美好时光的性格、不信奉什么的性格。七号似乎与世界的弊病无关,毕竟他们是反传统的、有批判精神的。

这种类型几乎总是处于社会边缘,他们在现代社会中可能体现为嬉皮士,在过去也可能是"憎恨牧师的人"。尽管七号可能是乌托邦式的理想主义者,也可能是一个像阿拉丁那样友好的强盗。华特·迪士尼影业公司将其塑造成一个充满魅力的小偷,在他所处的世界里,违法行为得到不公正的辩护,他感到那些小偷同伴都比自己高尚。这类性格也可能是过度灵活的人,像寄生虫一样生活在体系中。一位西班牙精神病学家①给这种类型的人起了个名字:轻浮的人。我们所处的时代正是轻浮之人的时代、乐天派的消费主义时代、一个什么都不在乎的个人主义时代、一个享乐主义的时代。很多人可能会想:"这有什么不好的呢?"考虑到快乐并不像暴力或残忍那般具有破坏性,似乎饕餮之罪——这个性格所涉及的原罪——并不像其他原罪那么严重。

但是在世界的弊病中,有一种相当严重的弊病与这类轻浮的态度有关:腐败。如果一个人没有任何信仰,暗自认为权威是无

---

① 恩里克·罗哈斯.《轻浮的男人》.马德里:今日主题,1992.

用的、体制是腐败的，那么他就一定会做对自己最有利的事情。一旦这样的人多了，集体就不可能运转。

当苏格拉底有机会逃跑时，他宁愿献出自己的生命作为支持民主理想的榜样，加强人们对人民可以自治这一信念：即使人民犯下了错误，原则上制度也能透过民主智慧重新建立。我们如今是如此偏离这种态度！我们都或多或少地认为，政府对任何人都没有用处，纳税申报表可以做手脚，毕竟……如果什么都不起作用，那又有什么关系呢！七号性格比起其他型号更具批判性，也更加利己；虽然这种利己主义的行为可以被理解为对自己的爱（或者如果朋友帮了你的忙，也可以是对朋友的爱），但是它对集体确实具有破坏性的后果，也就是我所说的腐败。一些"骗局"就是这样达成的：让某人收到另一笔款项，或者申请一笔国家并不需要的国际贷款，这样10%的钱就落在了某人的手里。类似的情况也发生在我的国家，就像其他南美国家一样，负债累累：出于对某些特定个体的利益而支持从国外的大型银行接受贷款，实行类似这种支出金额大于生产总值的经济政策。

可以说，在世界的弊病中，腐败的严重性不亚于其他弊病。有些国家确实因此而陷入了危机，比如盛行七号文化的巴西，或者意大利——反社会和帮派精神的结合臭名昭著（想一想黑手党涉及了多少"对家庭的爱"）。然而，我相信，在历史的进程中（我们的时代也不例外），比非法腐败更严重的是一种不为法律所知的腐败，它利用法律作为武器和盾牌。我们称之为体系内的腐败。

当压迫掺杂并扰乱了人类之间本自同根生的健康关系时，这就意味着一个腐败的权威，而我们称之为"文明"的制度（从男性掌权的青铜时代开始）不仅不公正，而且是腐败的，借由虚假的理想和佯装的美德藏匿于浮夸的演讲和新闻媒体之背后。

如果腐败是对不公正的回应，那么也可以说，是它促使了不公正变得永久化——尤其是当玩忽职守成为体系的一部分时。

历史学家们论述了大量关于教皇和教会的腐败以及由世俗权力所引发的腐败——无论是暴政、君主制、还是"民主制"。但是在今天，由于我们这个时代的特点是政治权力服从经济权力，也许商界的腐败更为严重。因此，那些经营全球商业组织的人在暗地里，或者有时候会无意识地优先关注私人利益，而置大众利益于不顾，他们在当今世上所造成的苦难远远超过了关在监狱里的人所犯下罪行的总和。

虚 假 的 爱

还有一种性格类似如下，他们既不那么有压迫性、也不怎么受压迫，即骄傲型的性格，第二型。与第七型相似，他们更偏向于一种伪社会性的性格，而不是社会性的：在名义上是社会性的，但暗地里却是反社会的。

骄傲型的性格和嫉妒型的性格在女性中表现得更为明显。世界上一部分的女性代表了被征服的群体；她们那种过度放弃的态度、服务精神可以延伸为通常意义上的世界的仆人。而另一部分，我们会看到一些成功的女性，她们知道如何与"野兽"（权力）并肩生活，以及如何利用它。蛇蝎美女就是如此地令人难以抗拒、如此的迷人，以至于她的一切都可以被原谅。她就像社会上的寄生虫（有些蚂蚁身上寄生着几乎与它们同样大小的寄生虫，它们悬挂在蚂蚁身上，当蚂蚁准备进食时，寄生虫便会夺走蚂蚁的食物，放进自己的嘴里）。但如果阿里斯托芬把关注给到她们的话，他或许会为她们辩护道：她们也为世界事务的运作做出了贡献。

我认为，这一切最好的象征是在圣约翰的《启示录》（*Apocalypse*）的结尾中巨兽和娼妇出现的地方，呼应了将自己出卖给巨兽的城市（娼妇）。这座城市是由人类组成的，而我们人类正在将自己出卖给野蛮的力量，出卖给体系的力量。一部分个体甚至出卖了他们自己——尤其是当他们具有这种骄傲型的个性时，这非常广泛地体现在世界上的女性群体中。如果说男人是怯懦的，那么女人则是在权贵身边通过取悦来换取平静生活的专家。她们对巨兽说："你比我更有力量，但你给予我的已经足以让我上你的车了。"可以说，这种非常普遍的诱惑之爱也有助于全球社会的运转，毕竟我们都有参与其中，其技艺也得到了高度发展和完善。虽然它们没有被任何书籍提及，也不是某种体制，但这种技艺蒙蔽了我们爱的本质。我们也因此忽略了这种根本性的爱的弊病——错误地理解了爱——这如同一场延续了几代人的巨大瘟疫，也随之产生了其他的问题。

结　　语

讲完这"最柔软的"和最迷人的病症之后，我已经完成了围绕社会九型图的旅程。接下来我只需要提出一些普遍性的总体观察。

如果我们全景式地回顾主要的社会病理学所涉及的范围，我们会看到，那些位于九型图中三角形顶点的性格，以及与九号点位（社会文化惰性）相邻的点，可以在世界上找到与它们相呼应的制度，它们构成了世界的建制。当我们谈及社会体制时，可以假设一个整体的"父权制"：腐败的军事—工业—官僚—财政复合体，这已经越来越与生活背道而驰了。

其余的点位，对应于两条连线分别连接了5—7和4—2这四个点位，分布在九型图的左半边和右半边。让人耳目一新的事实在于，尽管这些点位上的性格病理学都对应了某种社会病理学，但伪社会性格（七号和二号）以及那些对应于"精神萎靡"的性格（四号和五号）——位于九型图的底部——与我们这个时代正在兴起的革新力量有着特殊的关系。

位于九型图右半边的二号和四号点位代表了女性角色。考虑到我们千禧一代的建制特征是父权制的，因此两性平衡的实际进展将大有可期。两性之间的利益关系的平衡无疑将有助于平衡我们的内心世界，以及平衡未来几代人的家庭世界——反之亦然。我相信，一旦家庭从一种类似暴政的模式演变成一种彼此之间健康地相互关联的递阶结构，我们就迈出了走向民主、走向平衡的政治世界的最重要一步。

另一方面，位于九型图左半边的五号和七号点位，由于精神分裂型的性格致力于获取，口欲乐观主义型的性格致力于交流和沟通，所以它们都与信息有关。研究社会变革的专家说，我们这个时代的巨大变革【托夫勒（Toffler）所说的"第三次浪潮"，他认为其重要性堪比新石器时代的变革】是在信息领域中发展起来的，这是一种能够与旧有制度竞争的力量。我们如今拥有的信息量是过去的世界不可能拥有的，如同真相能够让个体解脱，知识也能够治疗我们的谬见和集体迷信，以及治疗体系本身的惰性。因此，世界的弊病这一主题在我看来是非常值得探讨的；要想治愈它们，就像疗愈灵魂的弊病一样，我们需要去了解它们。

或许，世界的弊病才是最摩登的主题，尽管自古以来，甚至在史前时代，世界的运作就相当糟糕。我们这个人类物种从最开始就一直过着不幸的生活。在冰河时代，我们不得不通过"砸碎邻居的头骨"来维生，也正是从那个时候起我们就变得有些麻木不仁。不过拜积习所赐，我们现在很少会注意到这点，不过我相信，国家政治生活是高度合理化和正当化的，但是在更深层次上仍然是一种猎头者的生活。很多意识形态都让我们觉得这些是很正常的。

在历经了如此之多的修复世界的尝试之后，在历经了如此之多的改革和政治制度之后，在我看来，这个后现代的时代中，我们正在走向意识形态的坍塌。如今没有人再信仰任何东西。在一定程度上这是正确的，毕竟许多理念都是以操纵性的方式提出的，其动机别有用心。在当前寻求全球问题解决办法的过程中，一种过于技术性的态度十分突出，然而它忽视了问题中人性的面向。

许多未来学家告诉我们，我们正在面临着自我毁灭的危险，的确很有可能如他们所说。随着人口的逐步增加，社会斗争不仅导致相互之间的暴力，还会导致植物种群和动物种群遭到破坏，地球提供给我们的资源日渐枯竭。有很多种可能的情形，而每一天都在强调人为因素的决定性作用。我认为，这个世界是我们内心所承载之物的产物。因此，倘若社会的弊病是我们（几乎不肯承认的）无力维持健康关系所导致的和引申的结果，那么这一理论就是非常值得关注的。

如果我们相信，没有健康的个体作为基础，健康的社会就难以存在，那么也就必须认识到个体转变的政治价值，尽管现有制度很难促进这种转变。所谓的教育与真正的教育毫无关系（更像是一台事不关己的信息机器），公众的健康与情绪的健康也几乎没有任何关系。

想一想，如果我们的内心王国能够在自己的掌控之下，我们将会收获什么？如果这本书能起到一点点邀请您深思的效果，我便心满意足了。

术　语

利他主义的自我推迟：一种防御机制，借由这种机制个体以过分慷慨和顺从的态度干扰对自己的需要和欲望的了解。

情爱"食人"：让自己被对爱的强烈渴望所驱使，陷入一种贪婪或吞噬性的"情爱"关系中。

边缘型人格：一种以情绪波动、破坏性行为、易怒和低自尊为特征的人格障碍。

脉轮：字面意思是"圆环"，也译作"能量中心"。在东方神秘传统中，身体中轴线上的某些位置被认为是精微体或能量体的一部分，在灵性发展道路上的特定层级中会有所体验。

性格：包含一系列习惯，形成于童年时期的思维方式和情感。在灵性心理学家的认识里，一个"小我"与真正的自我相对，小我或者说人格与心灵的本质、灵魂、中央核心相对。

性格神经症：一种神经症，不表现为焦虑或抑郁等主观症状，而是表现为一种紊乱的行为方式。

反恐惧：当面对恐惧时，这类人不是退缩，而是"向前逃跑"，通过攻击来保护自己。

循环性精神障碍：一种被克雷奇默描述为善于交际、友好、健谈、快乐、粘液质的性格，但易患躁狂抑郁症。

防御机制：一系列心理过程，个人通过这些过程来维系某些威胁其福祉或"理想化的我"的形象的思想、感知、情感或冲动。

利己主义的慷慨：一种表面上的慷慨态度，但其实秘密且无意识地自私自利，常见于非常需要被关注的人群。

九型图：由九个以特定方式相关的点组成的几何图，被认为是某些宇宙法则的象征，尤其是关于宇宙和意识的三元结构以及七阶循环进程，也被称为"八度音阶法则"。

九型人格类型：与九型图法则相一致的性格类型或人格类型。

外部取向（D. 里斯曼）：一个概念，适用于那些主要受周围环境中的行径、意见和价值观指导的人。

虚构症（幻想性说谎）：过去用于命名说谎和捏造不存在事件的性格倾向中的最夸张形式。

反向形成：弗洛伊德在《性学理论》和其他文章中描述的一种防御机制，由于这种机制，个体会忽视自己的冲动，并将其伪装成它的反面（被禁止的性行为和攻击性通常被伪装成过度的道德主义）。

格式塔疗法：由弗里茨·皮尔斯创立的心理治疗学派的疗法，强调专注于当下、运用戏剧化、次级人格的整合、真诚以及暂停强迫性思维等手法。

表演型：参见表演型障碍。

表演型障碍：高度情绪化，渴望吸引注意力。当这类欲望受挫时，个体可能会大吵大闹。夸张的挑衅和诱惑倾向也是这类神经质人格的特征。

歇斯底里：一组以诱惑性、表达性和戏剧化为主的人格类型。

认同侵略者：由安娜·弗洛伊德命名的防御机制。通过该机制，个体将一个带有攻击性、严厉谴责的权威的特征变成自己的，从而使自己变成了自己的敌人。

市场导向：弗洛姆描述说其基本特征是在"个性市场"中展示自己，这同样意味着一种附随主流成功的榜样或思维方式。

受虐狂：从广义上讲，是指个体采取受苦立场的性格倾向，倾向于让自己成为受害者以弥补自己的不足，与此同时，通过有求于人和饱受挫折（通常表达为叹息和抱怨）来获得爱。

元问题：对问题情境的表述，一个更深层次的基本现象被认为是构成某情境中多样问题的根源所在。

自恋：与对他人的爱相反，这是对自己理想化形象的"爱"。

神经症：广义上来说，这是一种情绪紊乱和觉知受限的状况，但通常被认为是"正常"的，毕竟这种状况几乎是普遍存在的。

神经质动机：与健康的动机（爱）相反，神经质的动机——如马斯洛所指出的——是一种"缺陷"：它不会通往富足和满溢，而是在寻觅无法获得的满足。

神经质需求：与本能需求相反，神经质需求是无法满足的，也是阻碍进化的。根据本书所阐述的理论，原型分析中的"激情"相当于基本的神经质需求。

强迫型障碍：DSM-IV中提及的一种模式，即不论在精神层面还是人际关系层面，都专注于秩序、完美主义和掌控，并且该模式是以牺牲灵活性、开放性甚至效率为代价的。

口欲乐观：其特征在于夸张的乐观、慷慨、社交达人，拥有强烈的沟通需求，喜欢听自己的安排。

偏执型障碍：DSM-IV所称的"偏执型人格障碍"对应于不信任时所采取的最具攻击性的形式。这些人看到实际上并不存在的剥削、伤害或欺骗；他们感到被世界侮辱或诽谤，并对此做出愤怒的反应。

纵容：一种开放的态度，有时太过放任自己的冲动或满足他人的欲望。

人格：这个词有诸多含义。在这本书中，它等同于性格，也等同于超个人主义中所说的小我（ego）——我们明显的、有条件的身份。

阳具自恋：威廉·赖希描述的一种性格，其特点是专横、霸道、大胆、冲动和厚颜无耻。

投射：将自己的无意识情感、思想或意图归因于他人。

投射性认同：梅兰妮·克莱因提出的一个术语，指一种以幻想的形式来表达自己的机制,在这种机制中,主体以想象的方式将自己的一部分投射到另一个人的身上,意图伤害或控制对方。

原型分析:奥斯卡·伊察索对依据九型图传授的人格分析知识体系的命名。

心理动力学:阐明驱动行为、情绪和思想的动机背景。经典的精神分析将这种背景认同为本能,而克莱因客体关系学派则认为它是基本的人际驱动。在我的《性格与神经症》一书中,我引入了"存在主义心理动力学"的概念,根据这一概念,激情和固着源于遗失了对生命的觉知。

精神病:"精神病性障碍"这个名称指代那些以"不导致个体受苦,而带给其他人苦难"为特征的障碍类型。

精神错乱:疯狂。

回射:弗里茨·皮尔斯提出的一个术语,指代原本针对他人的冲动转而针对自己。

精神分裂症:参见精神分裂症障碍。

精神分裂症障碍:患有这种精神障碍的人其特点是远离社会关系,在人际关系中表达情感受限。简而言之,这是一种孤僻障碍。

自我妖魔化:以一种自我否定的方式视自己为邪恶。

自我否定:认为自己的经历或行为不太具有价值、优点或可信度。